낮선 곳이
나를 부를 때

맨땅에 헤딩 미국 인턴·여행 도전기

낯선 곳이 나를 부를 때

초판 1쇄 인쇄일 2018년 7월 5일
초판 1쇄 발행일 2018년 7월 12일

지은이 유호동
펴낸이 양옥매
디자인 표지혜
교   정 유정희, 허우주

펴낸곳 도서출판 책과나무
출판등록 제2012-000376
주소 서울특별시 마포구 방울내로 79 이노빌딩 302호
대표전화 02.372.1537   **팩스** 02.372.1538
이메일 booknamu2007@naver.com
홈페이지 www.booknamu.com
ISBN 979-11-5776-583-6(03980)

이 도서의 국립중앙도서관 출판시도서목록(CIP)은 서지정보유통지원 시스템
홈페이지(http://seoji.nl.go.kr)와 국가자료공동목록시스템
(http://www.nl.go.kr/kolisnet)에서 이용하실 수 있습니다.
(CIP제어번호 : CIP2018020278)

낯선 곳이 나를 부를 때

유호동 지음

맨땅에 헤딩 미국 인턴·여행 도전기

책과나무

★ 　프롤로그　 ★

대학교 3학년 과정을 마친 겨울방학이었다. 원래 계획했던 프랑스 어학연수를 떠나기 위한 정보 수집과 비용 마련을 위해 일자리를 찾던 중, 서울로 짧게 놀러 간 적이 있었다. 서울에 간 김에 잠깐 찾아뵌 큰어머니께서 어학연수도 좋지만, 친척 누나처럼 미국 인턴을 해보는 건 어떻겠냐는 제안을 하셨다. 그때까지만 해도 큰어머니의 말씀을 한 귀로 듣고 한 귀로는 흘렸다. 하지만 큰어머니의 제안은 곧바로 어머니의 귀에 들어갔고, 당시 프랑스행을 탐탁지 않게 생각하시던 어머니는 미국 인턴을 적극적으로 알아보라고 말씀하셨다.

머리가 좀 컸다고 어느 순간부터 '마이 웨이'를 달리던 당시, 어머니의 명령 아닌 간곡한 부탁에 '한 번만 시도해 볼게. 하지만 항상 내 1순위는 프랑스'라며 못을 박고 인터넷을 뒤지기 시작했다.

웹페이지를 통해 미국 회사에서 낸 채용공고 글을 종종 볼 수 있었고, 그 글들은 미국과 한국의 에이전트에 연결되어 있었다. 미국 인턴을 간절히 원했다면 해당 에이전트에 대해 의심을 품고 더 알아보앉겠지만, 이 일은 대강 하고 빨리 프랑스 어학연수 준비를 하고 싶었기에 곧바로 에이전트에 문의하였다.

에이전트는 미국과 협력하여 인턴 지원에 최대한의 도움을 주겠다고 했다. 또한 미리 수수료를 내지 않아도 되고 면접까지 합격하면 그때 별도의 수수료를 내면 된다고 하였는데, 결국 이 말 한마디가 나를 미국 인턴으로 이끌었다.

인턴 지원 절차에 따른 영어 테스트, 이력서 제출, 한국어 자기소개 동영상, 영어 자기소개 동영상, 그리고 회사 면접까지. 어머니의 부탁으로 한 번만 지원해 볼 심상이었지만 막상 면접까지 가게 되니 대충 볼 수가 없었다. 외국인 친구에게 부탁하여 짧게나마 매일 전화로 영어를 연습하며 면접을 준비하였다.

40분 남짓의 화상통화로 진행된 면접에 합격한 후, 언제 망설였느냐는 듯 즉시 미국행을 결정하게 되었고 스폰서와의 인터뷰, 그리고 마지막 인터뷰인 미국 대사관에서의 비자 인터뷰를 끝으로 미국행 비행기를 타게 되었다.

돌이켜 보니 참 복잡한 절차였다. 다시 하라고 하면 또 할 수 있을까 하는 생각도 든다. 하지만 사실 이러한 절차는 누구나 밟을 수 있다.

학점 3.2, 토익 530, 토스 레벨 5. 점수가 말해 주듯 당시에 나는 공부를 잘하는 것도, 영어를 잘하는 것도 아니었다. 하지만 오늘날과 같은 극심한 취업난 속에서 학점과 자격증, 스펙만을 쫓는 대학생들과 다른 점이 있다면, 미래는 잠깐 제친 뒤, 내가 원하는 것을 하고,

몸으로 부딪히며 맨땅에 헤딩하는 것을 두려워하지 않는다는 점이다.

엘리트만이 미국으로 갈 수 있는 것이 아니다. 누구나 갈 수 있다. 나도 했는데 누군들 못 할까. 그렇지만 정보가 부족해서 혹은 다른 나라에서의 생활이 두려워 망설이는 경우가 많다.

나도 맨땅에 헤딩하며 아팠던 적이 한두 번이 아니었다. 미국에서는 작은 일 하나도 한 번에 되는 일이 없었고, 일 하나를 겨우 처리하자마자 새로운 일이 또 터지곤 했다. 그 기억과 정보를 오래도록 간직하고 싶어 글을 썼고, 알래스카, 그랜드캐니언, 샌프란시스코, 뉴욕을 다니며 대자연과 대도시에서 느꼈던 감정을 많은 이들과 공유하고자 이 책을 쓰게 되었다.

이제 그 서막이 펼쳐지려 한다.

낯선 곳이 나를 부를 때 – 하나의 경험은 하나의 지혜다. 떠나자.

2018년 5월
유호동

CONTENTS

PART 1

미국으로
향하는 길

★
★
★

"맨땅에 헤딩하는 심정으로 미국 인턴에 도전했고,
그 과정에서 제가 가장 먼저 겪었던 9가지 일입니다.
미국에서 오래 머물거나, 살기 위해 미국으로 떠난다면
꼭 알아두어야 할 것들입니다."

소셜
넘버

　미국 회사에 취직이나 인턴 등으로 월급을 받는 경우라면 미국 입국 후에 반드시 소셜 넘버(Social Security Number: 통칭 SSN)를 받아야 한다. 이는 우리나라로 보면 주민등록번호와 비슷하다. 신청 후 발급되는 데에도 꽤 오랜 시간이 걸리기 때문에 월급 받는 날짜가 지연되는 것이 싫다면, 가능한 한 빨리 신청하는 것이 좋다. 신청은 어디에서 하면 되는가? 구글 맵스에 'social administration'을 검색한 후, 가까운 기관으로 가면 된다.

　나 역시 미국 입국 후, 사흘 뒤에 바로 신청하러 갔다. 당시에 나는 미국에 와서 먹고 잔 것밖에 한 것이 없는, 모든 게 얼떨떨한 상태였는데 그런 내가 막상 소셜 넘버 만드는 곳에 가서 영어로 말하려고 하

　　　　　　　　　　　　　　　　　낯선 곳이 나를 부를 때

니 가슴이 답답했다. 건물 입구에 있는 경비원 한 분이 기관총을 들고 나를 맞이해 주었다. '기관총이라니….'

"Good morning sir, How can I help you?"

"Uh, I need to enter social number.(어, 소셜 넘버 등록하고 싶어서요.)"

"Over there. right, sir."

'등록하다'의 뜻이 'enter'가 맞는지, 긴가민가하며 경비원이 알려 준 방향으로 갔다. 나중에 생각해 보니 'register'라는 단어가 더 정확했던 것 같다. 그리 크지 않은 공간에 많은 사람들이 자신의 순서를 기다리고 있었다. 애써 당황하지 않은 척하며 눈을 크게 뜨고 주위를 한 바퀴 둘러보았다. 근처에 번호표 뽑는 기계가 있었다. 그런데 한국의 일반 은행에서 번호표를 뽑는 것처럼 단순하지가 않았다. 이것저것 설정하는 게 있었다. 왜 왔는지, 처음 등록하는지, 블라인드를 원하는지 등. '블라인드가 뭐지? 창구에서 얼굴을 가리고 접수한다는 뜻인가?' '블라인드' 항목에서 조금 머뭇거렸지만 일단 'No'로 선택해서 번호표를 발급받았다.

번호표 기계 옆에는 인적 사항을 적는 접수 카드도 있었다. 카드에 있는 항목들을 대강 살피며 '이걸 언제 다 해석하나….' 싶어 한숨이 저절로 나왔지만 실제로는 크게 어려운 부분은 없었다. 이름과 주소, 가족관계 등등이었다. 1시간쯤 대기 후, 내 차례가 왔고 정해 준 창구로 갔다.

"Good morning, I have to register social number."

"Your ID, DS-2019 and I-94, please."

나는 여권과 비자 원본 서류인 DS-2019, 그리고 출입국 확인증인 I-94를 제출했다. 회사에서 I-94를 준비해 가라는 조언 덕분에 미리 준비할 수 있었다.[1]

"Sir, I need the I-94's number.(고객님, I-94 번호가 필요합니다.)"

"Sorry?(네?)"

"I need the I-94's code number. This paper doesn't have that. On the website, you can click another button.(I-94 코드 번호가 필요합니다. 이 문서에는 없네요. 웹사이트에서 다른 버튼을 누르셔야 합니다.)"

분명 하라는 대로 했는데 이게 무슨 소린지…. 회사에 다시 가서 서류 준비해 와야 하고, 여기까지 와서 또 기다리고, 다시 신청하려니 너무 번거로웠다.

"Actually, I can't come back here again cause of company. Can you process without that?(사실 회사 일 때문에 제가 여기 다시 오기가 힘들어서 그런데, 그 코드 번호 없이 진행이 안 될까요?)"

"Sorry, I need that number.(죄송합니다. 그 코드 번호가 반드시 있어야 합니다.)"

회사 일 때문에 어떻게 지금 바로 되는 방법이 없겠냐고 부탁해 보았으나 단칼에 거절당했다. '안 되나 보다.' 하고 그저 돌아올 수밖에 없었다. 출입국 관리 사이트에 다시 들어가 보니 코드(code)가 있는

---

1 출입국 관리 웹사이트에서에서 이름과 여권 번호로 I-94를 출력할 수 있다. 숫자가 적혀 있는 페이지를 출력해서 가야 한다. 구글에서 I-94 검색으로 쉽게 웹사이트 찾을 수 있다.

낯선 곳이 나를 부를 때

페이지가 있었다. '이거로구나.' 하며 해당 문서를 출력해서 서류 봉
투에 소중히 담았다.

다음 날 회사에 양해를 구하고 'social administration'에 다시 갔
다. 경험이 확실히 중요하다. 이번에는 헤매지 않고 바로 번호표를
뽑은 후, 내 차례를 기다렸다. 모든 것이 순조롭게 진행되었다. 여권
과 I-94, DS-2019를 한 번에 제출하고 처리를 기다렸다. 담당자는
나에게 이름과 미국에 언제 입국했는지 등 기본적인 내용을 묻다가
갑자기 "Do you like sports?"라고 묻는다.

"Sorry? Sports?"

"Yes. Soccer, basketball….."

일하다 말고 밑도 끝도 없이 운동 좋아하냐고 물어보니 적잖이 당

황스러웠다. 내가 아는 'sports'가 담당자가 말하는 그 'sports'가 맞는
건지….

"Yeah. I like soccer and swimming."

　그렇게 대화를 마무리한 후 5분쯤 지났을까. 담당자는 종이에 자신
의 이름을 적어 주더니 끝났다고 했다. 또한 2~3주 정도 뒤에 우편으
로 소셜 넘버 관련 문서를 받을 수 있을 것이라고 했다.

　약 2주 뒤, 소셜 넘버가 들어 있는 문서가 우편으로 회사에 도착했
다. 빳빳한 종이에 숫자가 프린트되어 있었다. 회사 사람들이 "이거
잃어버리면 재발급받는 것이 아주아주 번거롭다."며 "제발 잃어버리
지 말라."고 했다. 오래되면 종이가 찢어지기 쉬워 지퍼백에 넣어서
보관하라는 사람도 있다고 한다.

　어려워 보이지만 하고 나면 쉬운 소셜 넘버 받기. 끝.

Summary

1. 여권, DS-2019, I-94는 필수.
2. I-94는 고유 넘버가 있는 페이지를 프린트할 것.
3. 지역마다 차이는 있겠지만, 대기 시간은 평균 1시간.

낯선 곳이 나를 부를 때

미국 계좌
만들기

미국에서 월급을 받으려면, 미국에서 장기간 체류할 것이라면, 미국 계좌가 하나쯤은 꼭 있어야 한다. 또한 지역별로 주로 사용하는 은행이 있으므로 각자 상황에 맞는 은행을 찾아가면 된다. 나는 체이스은행(Chase Bank)[2]에서 계좌를 만들었다.

은행에 가서 두리번두리번 제일 먼저 번호표를 찾았다. 그런데 아무리 찾아봐도 없다. 어떤 사람들은 소파에 앉아 있었고, 또 어떤 사람들은 업무를 보는 창구 앞에 줄을 서서 기다리고 있었다. '번호표

---

2 체이스은행(Chase Bank)에서 계좌를 처음 만든다면, 신규 고객에게 200달러를 주는 쿠폰을 이용하자. 주위 사람들 혹은 이베이(eBay)에서 2~3달러로 구매할 수 있다.

없이 바로 줄을 서야 하나?' 하며 생각에 잠겨 있을 때 직원 한 명이 다가왔다.

"Good morning, sir. Do you need a help?

"Hi, I want to make an account."

"Oh, Glad to meet you. Please write your name and wait some minutes."

직원은 소파 자리로 나를 안내해 주었다. 번호표 대신 소파 앞에 있는 테이블에 이름을 적고 기다리면 순서대로 직원이 자신의 자리로 안내해 손님들을 응대해 주었다. 잠시 후에 멕시코계 직원 한 명이 나를 데리러 왔다.

"Sir, you can't make an account. I can't verify your identity.(고객님, 고객님께서는 계좌 개설이 불가능합니다. 신분 확인이 되지 않아요.)"

"Um, My friends already made account. All they have same visa with me.(음, 제 친구들은 이미 계좌를 개설했어요. 저와 똑같은 비자를 가지고 있었고요.)"

'아니, 다른 사람들은 다 되는데 왜 나는 안 되냐?'라고 혼자 중얼거리며 DS-2019를 내밀었다. 그래도 안 된다고 하기에 될 거라고, 다시 한 번 확인해 달라고 했더니, 여기저기에 전화해서 묻고 난 후, 결국 자기 실수였다고 한다.

"What kind of account do you want to open?"

'계좌 만드는 데 있어 종류가 따로 있나?' 하는 생각을 하고 있는데 'Checking'으로 만들 건지, 'Saving'으로 만들 것인지 직원이 재차 물

낯선 곳이 나를 부를 때

었다.

"Can you explain what is different Checking and Saving?('Checking'과 'Saving'의 차이를 설명해 주실 수 있으신가요?)"

"Case Checking, you can deposit your money, and you can withdraw whenever you need. Saving, just saving."

직원이 말하길, 'Checking'은 계좌에 돈을 넣으면 언제든지 원하는 만큼 꺼내 쓸 수 있는 계좌이고, 'Saving'은 인출이 불가능한, 즉 저축만 가능한 계좌였다.

무슨 말인지 이해는 했지만, 한국 사고에 젖어 '저축하면서 왜 인출이 안 되나?' 하는 생각만 머리에 맴돌고 있었다. 선뜻 대답하지 못하는 나를 보며 직원이 답답했는지 나에게 통역 서비스 이용하는 것이 어떠냐고 물었다. 결국 책상에 있던 전화기로 3자 통화를 했다. 분명히 'South Korean(한국 사람)'이라고 했는데, 말투가 북한 억양이다. 'Checking'과 'Saving'에 대한 개념을 다시 한 번 듣고 통역을 종료하였다. 나는 'Checking'으로 만들어 달라고 했고, 신청서에 주소와 전화번호, 이메일을 기재하였다.

"Do you want overdraft service?['overdraft(당좌 대월: 한국의 마이너스 통장과 비슷한 개념)' 서비스를 원하시나요?]"

"Over…? What?(오버…? 어떤 거요?)"

"When you use your card, if your card doesn't have enough balance, Chase Bank will pay first. You have to deposit in valid date and if not, you will pay penalty fee."

카드를 쓸 때, 잔고가 부족하면 은행에서 부족한 만큼 돈을 먼저 내고 내가 나중에 갚는 시스템이었다. 물론 기간 안에 돈을 갚지 못하면 벌금을 내야 했다. 혹시나 벌금을 물게 될까 봐 나는 이용하지 않겠다고 했다.

곧이어 'VISA'가 적힌 파란색 카드를 받았다. 장장 2시간에 걸친 긴 여정이었다. 그래도 영어로 적힌 카드 한 장 지갑에 꽂아 넣으니 뭔가 멋지다.

Summary

1. 여권, DS-2019 필수.
2. Checking은 입출금 가능, Saving은 입금만 가능.
3. Checking의 경우 계좌가 1,500달러 이하일 경우 한 달에 15달러의 이용료가 있다. Saving의 경우 약간의 이자가 있지만 출금하려면 Checking으로 옮겨야만 인출할 수 있다. 조건에 따라 일정 기간 후 출금할 수 있는 Saving도 있다.

휴대폰
개통하기

미국에서 휴대폰을 쓰려면 어떻게 해야 할까? 통신사는 어떤 것이 있는지, 어떻게 개통을 하는지, 이러한 정보를 찾아보려 해도 통신사를 어떻게 영어로 표현하는지부터 막막하다. 통신 용어들은 한국어로도 생소한데, 영어는 말해서 무엇 하랴.

짧은 기간 여행하는 경우라면 한국에서 미국 통신사와 제휴된 통신사를 미리 개통하거나 해외 로밍(roaming) 기능을 이용하는 경우도 있다.[3] 하지만 여행 온 지인들을 보니 똑같은 LTE라고 해도 현지 통신사와 비교했을 때, 로밍한 휴대폰이 속도에서 확연히 느린 것이 보였다. 그 돈이나 이 돈이나 거기서 거긴데 이왕에 휴대폰을 개통할 예정이라면 미국 현지에서 하는 것을 추천한다.

미국에는 크게 Verizon, AT&T, T-Mobile이라는 세 종류의 통신사가 있다. 지역마다 로컬 통신사가 있긴 하지만 대부분의 사람들이 위의 세 가지를 사용한다. Verizon은 한국으로 치면 SKT이다. 어디에서나 전화가 잘 되고 인터넷도 빠르다. 하지만 좀 비싸다. AT&T는 일부 지역에서 Verizon보다는 전화가 잘 연결되지 않는 경우도 있지만 그래도 인터넷은 빠르다. T-Mobile은 다른 두 회사와 비교할 때 가입자가 적다.

가족 라인으로 묶어서 사용하는 경우, 요금을 먼저 내고 사용하는 경우, 약정된 데이터와 통화량을 이용하고 난 후 요금을 내는 경우 등 다양한 요금제가 있지만 나는 선불제가 가장 마음이 편할 것 같아 그것으로 정했다. 선불제는 'prepaid'라는 단어로 통한다. Verizon을 선택하고 싶었으나 가격이 부담스러워 AT&T로 찾아갔다.

"Hi, I want to get a prepaid.(안녕하세요, 선불제로 휴대폰을 개통하고 싶습니다.)"

"Sounds good. Follow me, please."

직원을 따라가 신청서를 작성했다.

"ID, please."

"I want to $45 plan.('45달러 플랜'으로 해 주세요.)"

---

3 요즘의 휴대폰은 모두 'unlock'이 되어 있지만, 혹시 모르니 출국 전 자신의 휴대폰이 'unlock' 폰인지 확인하자. 만약 아니라면 미리 'lock'을 해제하고 출국하자. 그렇게 하지 않으면 해외에서 자신의 휴대폰을 사용하지 못할 수도 있다.

낯선 곳이 나를 부를 때

간단한 신상 정보를 입력한 후, 신청이 곧 마무리되었다.

"Total price is $70.2. $20 is for USIM and tax was added. And if you set an autopay, you can save $5 every month.[총 금액은 70.2달러입니다. 유심(USIM) 카드와 세금으로 20달러가 추가된 가격입니다. 자동결제(autopay)로 하시면 매월 5달러 할인을 받으실 수 있습니다.]"

휴대폰 개통이 이렇게 끝이 났다.

미국을 떠나기 전, 내가 사용하던 AT&T의 'prepaid' 요금제는 45달러 이상부터 캐나다와 멕시코에서 로밍이 가능하게 되었다. 따로 휴대폰 로밍을 하지 않고 캐나다 여행을 계획하던 나로서는 아주 반가운 소식이었다. 처음에는 귀찮았지만 한 번 세팅한 후에는, 1년 가까이 아주 편하게 지냈다.

Summary

1. 선불 요금제는 Prepaid.
2. 신분증 필요.
3. 자동 결제 신청하면 매달 5달러 절약.

중고차
사기

해당 도시의 중심이 되는 구역인 '다운타운(down town)'에서 지낼 것이 아니라면, 미국에서 자동차는 거의 필수적이다. 장을 보러 가든, 운동을 하든, 카페를 가든, 걸어서는 가기 힘든 경우가 많다. 나 역시 미국에 도착하자마자 서둘러 해야 할 일 중의 하나가 바로 자동차 구매였다. 당장 출근을 해야 하니….

어차피 1년만 탈 예정이었기에 아주 저렴한 자동차로 알아봤다. '여차하면 길가에 버리고 간다!' 이런 마음으로. 그런데 말이 씨가 된다고 나의 이런 생각은 정말 현실이 되어 버렸다. 자세한 이야기는 다음에 하고자 한다.

한국에서 미국으로 떠나기 전, 집과 자동차를 알아보기 위해 인터넷을 뒤적거렸었다. 그런데 아무리 찾아봐도 너무 답답했다. 어떤 사이트에서 정보를 검색해야 하는지, 그 정보는 믿을 만한 정보인지, 도저히 감이 잡히지 않았다. 말 그대로 노답. 결국 현지에 도착하면 어떻게든 되겠지 하는 생각으로 무작정 출국했다.

역시나 현지에 도착하니 정보가 생겼다. 그중의 하나가 크레이그리스트(Craigslist). '개인 중고 거래 사이트'쯤으로 생각하면 되겠다. 국가별, 도시별로 알찬 정보를 얻을 수 있고 옷이나 가전제품부터 집, 자동차에 이르기까지의 카테고리도 있다.

내 자동차 부문 예산은 2,000~3,000달러. 이 가격이면 1년이 지나도 자동차 값이 거기에서 거기일 것 같고 굴러만 가 준다면야 문짝 하나 찌그러져 있어도 상관없었다. 원하는 브랜드는 혼다나 토요타로, 이러한 일본 자동차는 연식이 오래되어도 잔 고장이 없는 것으로 유명하다. 실제로 미국 거리에는 일본 자동차가 반 이상을 이루고 있다.

사실 나는 일본을 아주 싫어하는 사람이다. 위안부 문제나 독도 문제 등의 이유로 그 흔한 일본 여행 한 번 가지 않았고, 일본 음식은 입에도 대지 않는다. 이렇게 살았는데 일본 자동차를 타라니…. 처음에는 속이 뒤틀렸다. 하지만 당장 차를 타고 출근을 해야 하는 상황이고, 잔 고장으로 차 수리비가 많이 드는 것이 싫어 어쩔 수 없이 일본 자동차를 고를 수밖에 없었다. '나를 위해 일본을 이용한다.' 이렇게 스스로 위로하면서….

크레이그리스트에 외관이 멀쩡한 2000년식 혼다 어코드(Honda Accord)가 올라와 있었다. 'Clean title(무사고 차량), 186,000mile(누적 거리 약 300,000km), Running excellent(주행 우수)….' 일단 실물을 보고 생각하기로 했다.

"Hello?"

"Hi, I saw your car on Craigslist. Can I see your car on real?"

"What time?"

"After 5:30 pm. Can I take your address on text?"

미국에서 처음으로 하는 전화 영어였다. 전화 걸기 전 손이 덜덜덜 떨렸지만 어떻게 잘 넘어간 것 같다. 회사 직원의 도움을 받아 같이 차를 보러 갔다.

도착했다고 문자를 보내니 골목 한쪽에서 금색의 낡은 차 한 대가 다가왔다. 차의 주인은 차에 대해 아주 훌륭하다(excellent)고 자랑을 하기 시작했다. 외관상으로는 별문제가 없었고 보닛(bonnet)을 열어 봐도 문제가 없어 보였다. 제대로 볼 줄도 모르지만…. 직접 운전도 해 보았는데 차가 조용하고 잘 나갔다. '어? 괜찮은데?'

크레이그리스트에 올려져 있는 가격은 2,700달러였다. 나름 흥정을 한다고 50달러만 깎아 달라고 했다. 그때는 경황도 없고, 일단 급했기에 '적당한 가격이구나.' 하고 샀는데 몇 달 지나면서 알고 보니 터무니없이 비싼 가격이었다. 살 때 얼굴에 철판을 깔고 500달러씩 후려쳤어야 했는데 너무 안일하게 생각했던 것 같다.

"Can I take a picture to your ID? It's to make sure.[당신 신분증(ID)을 사진으로 찍어 놓고 싶은데요. 확실히 하기 위해서요.]"

혹시나 하는 마음에서 나중에 문제가 생길 경우를 대비해 차주 ID

낯선 곳이 나를 부를 때

를 볼 수 있느냐고 물었더니 그 차 주인은 집 뒤쪽으로 가서는 한동
안 나오지 않았다. 결국 지금 못 찾겠다고 한다. '사기꾼인가?' 싶기
도 하고 긴가민가했지만 '뭐 별일 있겠나?' 하는 마음에 차를 사겠다
고 했다. 차 주인은 핑크 슬립⁴에 자신의 사인(sign)을 해 주었다. 현
금으로 자동차 값을 지불하고 '살방살방' 차를 몰아서 집으로 끌고 왔
다. 그런데 집 앞에 주차해 놓고 보니 영락없는 '할아버지 차'였다. 색
과 디자인이 매우 올드(old)했다. 이른바 '할배 코드'였다.

'그래도 뭐, 이 정도면…. 내 차가 생겼다. 기분 좋다. 사랑해 줄
게. 할배 코드.'

그 후에 회사에 인턴들 몇몇이 더 오면서, 또한 미국 생활에 점점
익숙해지면서 자동차에 대한 소소한 팁을 약간 얻을 수 있었다. 나와
룸메이트 친구인 영진이는, 2000년식 혼다 어코드와 토요타 캠리를
구매했다. 차들이 겉보기에 멀쩡했지만 중간중간 고장으로 인해 우리
는 골머리를 앓았다. 여유가 된다면 1년을 타더라도 8,000달러 이상
의 자동차를 살 것을 추천한다. 아니, 여유가 없더라도 돈을 마련할
것을 권장한다. 너무 저렴한 차를 고르면 수리비도 부담일뿐더러 마
음 놓고 멀리 가지 못하는 문제가 발생한다. 미국에 머무르는 이상,
옆 동네만 가더라도 3시간은 기본이고, 여행을 간다면 7~8시간이 걸

---

4 핑크 슬립(pink slip): 자동차 매매 시에 사용하는 자동차 일련번호가 적힌 분홍색 종이. 자동차 구매 시
판매자에게서 받을 수 있으며 DMV(Department of Motor Vehicles)에서 재발급을 받을 수 있다. 약간
의 수수료가 든다.

┃ 내 첫 자동차. 조용하고 잘 나갔었지….

리는 경우도 흔하다. '나는 여행이 싫어요. 집에만 콕 있을 거예요!'
하는 사람은 물론 예외.

 길 가다가 갑자기 차의 시동이 꺼져 버리면 근처 어디에 견인 센터
가 있는지도 잘 모르고, 전화를 한다고 해도 정확한 나의 위치를 알리
는 것도 큰 문제이며, 다행히 견인차가 온다고 해도 그 비용이 만만
치가 않다. 미국은 한국처럼 전화 한 통이면 담당자가 바로 와서 친
절하게 상담해 주고, 견인해 주고, 처리해 주는 그런 세상이 아니다.
'그냥 간단히 보험 처리를 하면 되는 것 아니냐'고 묻는 이들도 있겠지
만, 그 정도 서비스가 되는 보험은 보험비가 매달 비싸게 든다.

 '재기불능'의 차를 헐값에 사서 수리한 후 다시 중고 시장에 되파는
경우도 많다. 외관은 멀쩡해 보이기에 '괜찮네!'라는 생각을 하게 되

낯선 곳이 나를 부를 때

지만 정말 신기한 것이 한두 달만 지나면 꼭 문제가 생기기 시작한다. 이런 차 주인들의 특징은 분명 자기 집으로 오라고 해 놓고는 집이 아닌 옆 골목에서 나타나거나, 집에 오래된 차가 몇 대씩이나 있다. 나중에 고생하기 싫다면 신중하게 차를 고르자.

Summary

1. 무사고 차량인 'Clean title'인지 확인할 것.
2. 중고차 볼 때, 트렁크, 창문, 문이 모두 잘 열리는지 반드시 확인하고, 와이퍼, 깜빡이, 라이트, 타이어 등도 꼼꼼히 점검해 볼 것.
3. 흥정할 때는 얼굴에 철판 깔고 후려치기.
4. 핑크슬립 Value란에 차 가치를 적어 주는 경우도 있는데 이때 가치를 적게 적어 달라고 하기(DMV 등록 시 Value가 적을수록 세금이 적게 부과된다).
5. 딜러라고 해서 전부 믿지 말 것. 다 똑같다.

자동차 보험
가입하기

한국에서는 TV 광고나 인터넷을 통해 삼성화재, DB손해보험, 한화손해보험 등의 많은 보험사를 쉽게 접할 수 있고, 전화 한 통만으로도 바로 상담 후 자동차 보험에 가입할 수 있다. 그렇다면 미국에서는 어떨까? 미국에는 Farmers, Statefarm, Allstate, Geico 등의 보험사가 있다. 이들은 모두 보험 처리가 신속히 되는 메이저 회사이다. 적어도 세 군데 이상의 보험사에서 견적을 내 보고 보험에 가입하는 것을 추천한다.

이러한 정보들은 미국에 1년 정도 있다 보니 자연스레 알게 되었다. 미국에 막 도착했을 때는 당연히 알 리가 없었다. 당장 차를 몰고 출근해야 했기에 보험 문제 해결이 우선순위였다.[5] 자차 보험, 대인,

낯선 곳이 나를 부를 때

대물 등 한국어로 해도 알쏭달쏭할 것 같은 보험 관련 내용들이 영어로 될 리가 없었기에 회사 대표님께 도움을 요청했다. 서른 중반인 대표님은 "내가 또 이런 거 기가 막히지." 하시며 흔쾌히 도와주셨다.

Farmers와 Statefarm 홈페이지에 들어가서 온라인으로 견적을 내 보았다. 이름, 나이, 차종, 보상 한도 등을 설문 조사 하는 것처럼 하나하나 기록해서 넘어가니 견적이 나왔다. 자차 보험 없이 6개월에 550달러. 비싼 건지 싼 건지도 감이 잘 잡히지 않았다. 회사 대표님은 만족하지 못하겠다는 표정을 지으시고는, 마지막으로 Geico 홈페이지에서 한 번 더 견적을 내 보셨다. 같은 조건인데 100달러 더 저렴하게 나왔다. 결정.

- 한 사람당 30,000달러
- 한 사고에 최대 50,000달러 [6]
- 자차(Collision Damage Wagon) – 없음
- 상대방에게 보험이 없을 시(Uninsured Motor Vehicle) – 나에게 보상(cover) 가능
- 긴급 출동 서비스(Road Service) – 없음

---

5 미국에서는, 보험 없이 운전하는 것은 불법이다.
6 나는 교통 사고를 안 낼 자신이 있었기에 보상 한도를 50,000달러로 했지만, 보상 한도는 100,000달러 정도로 할 것을 추천한다. 만약 인명 사고가 발생한다면, 병원비 몇 천만 원은 기본으로 들기 때문이다.

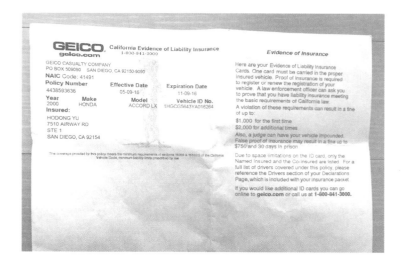

■ 보험증 사진

6개월치를 일시불이 아닌 한 달에 한 번씩 결제하는 것으로 하니 총 40달러 정도가 더 추가되었다. 입력을 완료하고 나니 곧바로 신용카드만 한 크기의 보험증을 출력할 수 있었다. 회사 대표님은 반드시 차안에 넣어 다니라는 말씀도 하셨다.

그 후 얼마 지나서는 한인 사이트에서 한인을 통해 보험에 가입하는 방법도 알게 되었다. 지역을 가리지 않고 어느 한인 사이트에서든 자동차 보험과 관련해서 광고하는 배너를 많이 찾아볼 수 있다. 이러한 광고 사이트를 통해 한인 브로커의 연락처를 알 수 있고, 쉽게 보험에 가입할 수 있다. 가격은 대체로 직접 할 때보다는 약간 더 비싸다. 하지만 이 방법의 장점은 사고 발생 시, 한인 브로커에게 연락하면 그를 통해 빠른 대응 서비스를 받을 수 있다는 것이다. 나처럼 온

낯선 곳이 나를 부를 때

라인으로 하면, 가격은 저렴하게 할 수 있지만 사고 당시 정신이 없는 상태에서 보험사와 통화하게 되고, 사고 경위를 영어로 설명하면서 상당히 많은 스트레스를 받을 수도 있다.

　한번은 고속도로에서 작은 사고가 나서, 보험 처리를 한 적이 있었다. 당시 보험사와 통화하는 과정에서 상당한 정신적 피로를 느꼈다. 하지만 그렇게 한 번 경험하고 나니 별것 아니라는 생각도 들었다. 만일 또다시 보험에 새로 가입해야 하는 상황이 온다면 나는 다음에도 같은 방법으로 Geico를 선택할 것 같다.

Summary

1. 대인 · 대물 : LI(Liability Insurance)
2. 자차 : CDW(Collision Damage Wagon)
3. 만 25세 미만은 보험료가 올라감.

스모그
테스트

차를 구입하고 나서, 다음 날 바로 스모그 테스트(smog test)를 하러
갔다. DMV[7]에 자동차를 등록하려면 차 보험증과 스모그 테스트가
필수적이다. 스모그 테스트는 원래 차를 파는 사람이 해 주는 것이 법
이지만, 당시에 아무것도 몰랐던 나는 내가 직접 하러 갔다. 스모그
테스트 역시 구글 맵스에서 검색하면 주위에 있는 여러 곳이 나온다.
그중 가까운 곳으로 찾아가면 된다.

당시에 나는 휴대폰 개통을 안 한 상태였기 때문에 집 밖으로 나가
면 인터넷을 쓸 수가 없는 상황이었다. 구글 맵을 미리 캡처해서 조심

---

7 DMV(Department of Motor Vehicles): 자동차 관련된 업무를 보는 미국의 공공기관.

낯선 곳이 나를 부를 때

조심 차를 끌고 나갔다. 그때는 아무것도 모르고 겁 없이 나갔지만 지금 돌이켜 보면 자동차 보험도 없이, 휴대폰도 안 되는 상황에서 참 용감했던 것 같다.

큰 매장과 식당이 모여 있는 쇼핑몰(mall)에 스모그 테스트를 하는 곳이 있었다. 담당자가 나에게 이것저것 물어보는데 뭐라 하는지 잘 모르겠다. 담당자는 자동차의 보닛(bonnet)을 열고 이것저것 살펴보더니 20분 정도 걸린다고 했다. 더 오래 걸릴 줄 알았는데 의외였다. 쇼핑몰을 한 바퀴 돌고 오니 테스트가 이미 끝나 있었다. 가격은 68달러. 스모그 테스트 가격은 대체로 50~70달러이다. 상황에 따라서 더 저렴하게 해 주는 곳도 있다.

오래된 자동차라 조금 걱정이 되었는데 다행히 별문제 없이 스모그 테스트를 통과했다. 만약 테스트에 통과하지 못했다면 차를 판 사람에게 다시 연락해야 하고, 상황을 잘 설명해야 하며, 더욱이 제대로 환불해 줄지도 의문이고…. 생각할수록 끔찍했다. 자동차 살 땐 꼭 스모그 테스트를 받고 난 차량을 구매합시다!

Summary

1. 사람이 없다면 약 20분 소요.
2. 가격은 대략 50~70달러.
3. 만약 테스트에 통과하지 못한다면 차량 등록 불가능.

자동차 명의
이전하기

   본인의 자동차가 생겼다면 가능한 한 빨리 DMV로 가서 차량 명의 등록을 해야 한다. DMV에서의 업무는 시간이 오래 걸리기로 아주 악명이 높다. 반드시 홈페이지에서 방문 예약을 한 후 가도록 하자. 나는 첫 방문 시 아무것도 모르고 갔다가 2시간 30분 넘게 기다려야 했다.

   방문 예약을 할 때는 구글에서 지역과 DMV를 검색한 후 가까운 지역의 DMV 웹사이트에 들어가 'Appointment' 항목을 선택하고 'Office Visit Appointment' 부분을 클릭한 후 이름, 휴대폰 등의 정보를 입력하고 날짜를 선택하면 된다.

   DMV에 도착하면 입구에 예약을 한 사람들의 줄과 예약을 하지 않

                        낯선 곳이 나를 부를 때

은 사람들의 줄이 보인다. 줄이 길어 안
내 표지판을 가릴 수도 있으므로 이를
잘 확인하고 자신이 해당하는 곳에 줄을
서면 된다.

나는 예약을 하지 않았으므로 'Non-
reservation' 줄에 선 후 차례를 기다렸
다. 1시간이 지나서야 줄이 안내 데스크
로 이어졌고 담당자가 나에게 용무를 물
었다.

▌핑크 슬립

"Hi, What's going on?(안녕하세요, 무슨 일로 오셨나요?)"

"Uh, I came here for a car registration.(어, 차량 등록하고 싶어서
왔어요.)"

"Pink slip, please.(핑크 슬립 주세요.)"

한국 공공기관의 싹싹한 안내는 찾아볼 수 없었다. 담당자는 굉장
히 무뚝뚝했다. 핑크 슬립을 달라고 하더니 다른 종이와 함께 번호표
를 집어 주었다.

실내에는 사람이 매우 많았다. 번호표를 받긴 했는데 어디에서 기
다려야 하는지 알 수 없었다. 실내를 두 바퀴나 돌고서야 어떻게 돌아
가는지 겨우 이해했다. 아무 데서나 기다리고 있다가 방송에서 내 번
호를 부르면 그에 맞는 창구로 가면 되었다. 실내 곳곳에 보이는 모니
터에서 내 차례가 언제쯤 올지에 대해 알려 주기도 했다. 1시간을 훌
쩍 넘겼을 때쯤 내 번호를 불렀다.

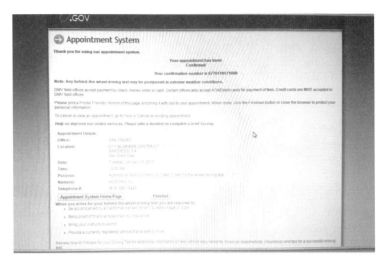

"Hi, How can I help you?"

"Hi, I want to register my car."

신분증과 핑크 슬립, 자동차 보험증, 스모그 테스트 확인서를 건네며, 담당 직원에게서 무슨 말이 튀어나올지 모르기 때문에 정신을 바짝 차렸다.

"How much your car value?(자동차 값은 얼마인가요?)"

"Uh, I gifted.(어, 선물로 받았어요.)"

"Who?(누구한테서요?)"

"From my company co-worker.(직장 동료에게 받았어요.)"

회사 직원에게서 선물을 받았다고 하니 한 1초간 나를 째려봤지만, 등록은 그대로 진행하였다. 자동차가 워낙 오래된 차라서 운 좋게 넘

낯선 곳이 나를 부를 때

어간 듯하다. 때때로 '양도확인서' 같은 서류를 가져오라고 할 때도 있다고 한다. 선물이라고 하되 형식적으로나마 차량의 금액을 조금이라도 적으면 더 안전하다는 것을 나중에서야 알게 되었다.

명의 이전료(transfer fee) 20달러가 부과되었고, 마침내 자동차 명의 이전이 완료되었다. 새로운 핑크 슬립은 우편으로 보내 준다고 하였다. 시간이 오래 걸려서 그렇지 어렵지는 않은 절차였다.

Summary

1. DMV에는 반드시 예약하고 갈 것.
2. 신분증, 자동차 보험증, 핑크 슬립, 현재 연도보다 4년 이상 오래된 차라면 스모그 테스트 필요.
3. 기본 2시간, 오래 걸린다면 4시간 정도 소요됨.

집
구하기

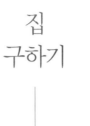

:: **미국에서 방 렌트하기** ::

나에게는 아주 끔찍한 기억으로 남아 있다. 한국에서 지구 반대편으로 날아간 만큼, 외국인들과 함께 생활하고 싶었다. 그래서 평범한 집에 방 하나만 빌릴 수 있는 곳을 먼저 찾아보게 되었다. 출국 전에도 미국에서 머무를 곳을 미리 알아보긴 했지만 정보가 제한적이라 역시 쉽지 않았다.

회사 직원의 집에서 며칠 머무르며 검색한 곳은 크레이그리스트 (Craigslist). 하루에도 수십 개의 매물이 거래되는 곳이기에 쉽게 구할 수 있을 줄 알았다. 그러나 결과는 실패였다. 몇 군데 찾아보니 샌디에이고 외곽의 방 하나 렌트(rent) 시세가 500~550달러 정도였다. 다

낯선 곳이 나를 부를 때

운타운 근처는 700달러 이상으로 훌쩍 뛰었다. 괜찮다 싶은 방이 있으면 회사와 멀리 떨어져 있어 불편할 것 같았고, 가격이나 거리가 괜찮다 싶으면 상대적으로 치안이 좋지 않은 곳에 있었다. 또 어렵게 발견한 좋은 방이 있어 문자 메시지를 남기거나 전화를 해도 글 올린 사람과 연락이 잘 닿지 않았다.

며칠 동안 방을 알아보다 그만 지쳐서, 치안이 좋지 않다고 하는 한 곳에 연락을 하였다.

"Hi, I saw your room at Craigslist. Can I visit your house?(안녕하세요, 크레이그리스트에서 당신이 올린 방을 봤어요. 집을 방문해 봐도 될까요?)"

"Let me give you my address on text.(저의 집 주소를 문자로 보내 드릴게요.)"

'치안이 안 좋다 해 봤자 얼마나 안 좋겠어?' 하는 마음에 퇴근하고 주소를 받은 곳으로 찾아갔다. '이 정도면 괜찮네.'라고 생각하며 골목길에 접어드는 순간, 시끄러운 음악이 들리면서 흑인 아이들이 한 무리를 이루고 있는 모습이 보였다. 멀리서도 느낄 수 있는 일진 포스. 가야 하는 집을 못 찾아 두리번거리는데 한 아이가 다가왔다.

"Sir, Sir!(선생님, 선생님!?)"

못 들은 척하고 다시 돌아가는데 그 아이가 뛰어오더니 길을 막았다. 여차하면 싸울까 아니면 조용히 뼁(?)을 뜰길까 고민하고 있는데, 그 아이가 나에게 다시 말을 걸었다.

"What are you looking for?"

"I'm looking for a house below this address.(여기 적혀 있는 주소로 집을 찾고 있어요.)"

집을 하나 찾고 있다고 말하니 바로 옆집을 손가락으로 가리키며 여기라고 말해 주었다. 예상외의 전개였다. 아이가 알려 준 집의 벨을 누르니 중년의 아저씨가 나왔다.

"Hi, This is Yu. We called few hours ago."

"The room was already sold."

"What? I came here. You should text to me.(네? 이렇게 왔는데요. 문자라도 주셨어야죠.)"

'방이 나갔으면 나갔다고 미리 연락을 해 줘야지.' 집주인 아저씨는 미안하다는 한마디와 함께 어깨만 으쓱거릴 뿐이었다. 방이 남아 있었다 해도 시끄러운 음악과 위기감을 조성하는 이들이 있는 이곳에서는 살 수 없을 듯하다. 왜 치안이 안 좋다고 했는지도 확실히 알 것 같았다.

이후에도 몇 번의 실패를 더 겪었다. 다운타운이나 UCSD[8]근처에 괜찮은 곳이 많이 나왔으나 차로 30분이 넘는 거리에 있어 엄두를 내지 못했다. 도저히 안 되겠다 싶어 일단 한인 사이트에 방을 구한다는 글을 올렸고, 1시간 만에 바로 연락이 왔다. 500달러에 가구가 다 갖춰져 있고 주방도 이용 가능하다고 했다. 실제 방문해 보니 방이 깔끔했고 무엇보다 가구가 다 있어 아주 좋았다. 바로 결정. 주인 할머니

---

8 UCSD(United California San Diego): 세계 50위권의 미국 주립 대학교.

낯선 곳이 나를 부를 때

가 밥도 잘 챙겨 주시고 집이 좋아 후에 룸메이트가 된 영진이에게도 이 집을 추천하였다.

남들은 며칠 만에도 방 하나 뚝딱 렌트를 하던데, 나는 눈이 높은 탓인지 방을 구하는 데 많은 어려움을 겪었다. 한국에서 미리 크레이 그리스트를 뒤지며 이메일로 연락을 한다면 나와 같은 어려움을 겪지 않을 수도 있다. 치안이 좋지 않은 곳에 대한 정보는 한인 사이트[9] 에서 알아보거나 회사, 학교, 주위의 지인들에게서 얼마든지 얻을 수 있다.

:: 아파트 계약하기 ::

그렇게 어렵게 방을 구하고 두 달쯤 지났을까. 사정이 생겨 지금 지내는 집에서 나오게 되었다. 갑작스레 나오게 되어 갈 곳이 없었다. 말 그대로 홈리스(homeless). 룸메이트인 영진이와 각자 차를 끌고 나와 회사 앞에 쪼그려 앉았다. 회사에서 며칠 지낼까 했는데 우리 소식을 들은 회사 직원이 자기 집에서 잠깐 지내라 했다.

얼마 후, 곧 인턴 한 명이 더 온다고 하시며 셋이서 아파트를 하나 계약하는 건 어떻겠냐는 회사 대표님의 말씀에 아파트를 알아보기 시작했다. 가격만 맞으면 확실히 남의 집에 사는 것보다 마음이 편할 것 같았다.

'아파트는 또 어디서 알아봐야 하나….' 고민하며 구글 맵스에

---

9 구글에 도시와 한인 커뮤니티를 검색하면 각 지역의 사이트를 알 수 있다. 예) 라디오코리아, 사람닷컴 등

'apartments'를 검색하니 붉은 점이 많이 표시되어 나온다. 각 아파트의 홈페이지에 들어가서 가격을 확인한 후, 괜찮은 곳은 직접 발로 뛰었다. 아파트 역시 샌디에이고 북쪽의 좋은 곳은 침대 2개, 화장실 2개에 3,000달러가 넘었다. 감당이 안 되는 가격이다. 그나마 가격이 괜찮은 곳은 멕시코 국경 근처였는데, 그마저도 1,700~1,800달러로 셋이서는 약간 부담이 되는 가격이었다. 어렵게 찾은 곳도 가는 족족 남은 집이 없다 하여 짜증 지수가 올라갈 때쯤, 괜찮은 집을 하나 찾을 수 있었다.

"Hi, We want to rent an apartments. Do you have?"

"Sure. But we have only 2 bed, 1 bath-half."

'화장실 1.5'에 물음표를 던지며 일단 실물을 한번 보기로 했다. 직원은 모델 하우스로 우리를 데려갔다. 거실에 큰방 하나, 작은방 하나, 화장실 하나, 그리고 큰 방에 딸린 세면대만 있는 화장실로 구성되어 있었다. 아기자기한 가구들과 조명이 있어 그런지 살기에 딱 좋아 보였다. 냉장고, 전기스토브, 오븐도 설치되어 있다고 했다. 변기가 하나밖에 없어 불편할 것 같다는 생각에 '밑져야 본전'이라는 식으로 직원에게 근처에 침대 2개, 화장실 2개인 아파트는 없는지 물었다.

"Is there 2 bed and 2 bath near by here? Rent fee also similar with here.(이 근처에 방 2개, 화장실 2개인 곳 있나요? 렌트비도 여기와 비슷했으면 합니다.)"

"Our company have some apartments. I recommend to here. You will not disappoint.(그런 아파트가 있긴 합니다. 아, 여기가 좋겠네

요. 실망하시지 않을 겁니다.)"

직원은 안내 책자를 하나 꺼내더니 한 곳을 가리키며 우리에게 소개해 주었다. 바로 근방에 있었다. 감사의 말을 건넨 뒤 즉시 그 직원이 알려준 아파트로 갔다.

"Hi, We are looking for 2 bed and 2 bath apartments."

"Good. We have 2. One is inside and the other one is next to this office. And now we doing promotion. Those are $1,499 per month.(네, 좋습니다. 2곳이 있습니다. 한 곳은 이 건물 안에 있고, 다른 한 곳은 옆 건물에 있어요. 마침 할인 기간이라 한 달에 1,499달러입니다.)"

오! 할인 기간이라 약 1,500달러에 된다고 했다. 제일 기쁜 소식이었다. 빈방을 실제로 보니 아까보다 더 괜찮았다. 더 이상 고민할 필요가 없었다. 바로 결정.

직원은 우리가 'credit(신용)'이 없어 보증금이 200달러 더 오른다고 했고, 추가로 우리가 돈을 지불할 능력이 되는지를 확인하기 위해 두 달간의 급여증명서를 보내 달라고 했다. 신용사회인 미국에 살면서 신용이 없으니 이런 절차가 생기는 듯했다. 보증금은 나중에 어차피 받는 돈이니 괜찮았고 의무적으로 가입해야 하는 주택 보험에도 100달러가 들어갔다. 또한 전기세를 내는 곳인 SDGE(San Diego Gas & Electric)에도 가입해야 했다. 마지막으로 아파트 회사 홈페이지에도 가입했다. 여기에 가입해야 아파트 렌트비를 이곳으로 낼 수 있다고 했다.

이런 절차들은 모두 직원이 시키는 대로 따라 해서 할 수 있었다.

돈이 관련된 것이라 잘못 알고 사인하면 돌이킬 수 없는 결과가 있지 않을까 걱정했지만 다행히 그런 불상사는 일어나지 않았다.

"We want to move in our apartments tomorrow. Can you clean the carpet?(우리는 내일 이 아파트로 들어가고 싶습니다. 카펫 청소 좀 해 주시겠어요?)"

카펫 청소만 한 번 해 달라고 부탁하고 바로 아파트로 들어갔다. 아직 청소가 안 되어 있는 상태였지만 일단 거실에 누웠다. 드디어 마음 편히 누울 수 있는 장소가 생겼다. 정말 편했다. 그리고 계약서를 다시 한 번 찬찬히 읽어 보았다. 가장 중요한 것은 가격, 1년간 '$1,499/month' 아주 마음에 든다. 하하하. 한국에서는 이런 영어 문서를 딱 마음먹고 읽어야 하는데 슬슬 미국 생활에 적응되어 가는지 아주 당연하게 읽고 있다.

집 안을 한 바퀴 돌아보니 전기스토브와 변기가 고장이 나 있었고, 욕조 커튼 봉도 없었다. 직원에게 달려가서 고쳐 달라고 했더니 하루 만에 바로 고쳐 주었다. 하지만 카펫 청소는 일주일이 지나도 해 주지 않았다. 이후에도 두 번, 세 번 말했지만 들어주지 않자 답답한 마음에 우리가 직접 카펫 청소기를 사서 청소하고 생활했다.

처음에는 집이 휑했다. 거실에서 얇은 이불만 깔고 지냈다. 책상을 비롯해 최소한의 가구는 사야 하는데 귀찮았다. 그러나 언제까지나 미룰 수는 없어 가구를 알아보기 시작했다. 10개월 정도만 생활하면 되기에 좋은 건 필요 없었다. '누가 쓰고 버리는 거 우리한테 버리면 참 좋을 텐데….' 하는 마음이었다.

낯선 곳이 나를 부를 때

다시 크레이그리스트(Craigslist)와 한인 사이트를 뒤지며 중고 판매나 '이전 세일(moving sale)' 게시판을 샅샅이 훑었다. 'moving sale' 같은 경우에는 이사 가는 사람들이 떨이로 물건을 파는 것이기에 아주 저렴하게 필요한 것을 구매할 수 있다. 이를 통해 식기 도구와 소스 80여 가지를 15달러에 가져왔고, 멀쩡한 스탠드형 조명도 10달러에 가져왔다. 책상과 의자는 비교적 깔끔한 것을 쓰고 싶어 이케아(IKEA)에서 구입했다. 적당한 사이즈에 아주 깔끔한 책상을 25달러에, 의자는 35달러에 샀다. 의자가 좀 비쌌다.

소파를 거실에 두고 싶어 접을 수 있는 나무로 된 소파를 25달러에 샀으나 들고 올 수가 없었다. 하나하나 분해해서 자동차에 싣고 왔다. 하지만 조립을 하루 이틀 미루다가 결국에는 한국으로 돌아올 때까지 미루게 되었다. 그 소파 부품은 지금도 아파트 베란다에 방치되어 있을 것 같다.

방 하나 빌려 렌트하기, 아파트 빌려 렌트하기, 스튜디오(한국식 원룸) 렌트하기와 같은 몇 가지의 방법 중, 본인과 맞는 것을 찾아 렌트하길 바란다.

Summary

1. 방 하나만 빌리는 렌트: Room rent
2. 전 주인의 물건을 그대로 둔 채로 단기간 렌트하는 것: Sublet
3. 한국식 원룸: Studio

운전면허증
취득하기

:: 운전면허 필기 시험(Writing Test) ::

미국에서 자동차를 운전하려면 당연히 운전면허증을 취득해야 한다. 여행객들이야 문제가 없지만, 학생, 인턴, 직장인들은 피해 갈수 없다. 1년 동안이라면 국제면허증을 사용하면 되지 않느냐고 묻는 이들도 있을 것이다. 그런데 한국 국제면허증에 적혀 있는 유효기간은 1년이지만, 미국에서는 법이 변경됨으로써 미국에서의 실질적인 유효기간은 1개월밖에 안 된다. 2016년에 한 인턴이 경찰에게 적발되었는데, 당시에 국제면허증을 제출했다가 강제 추방된 사례도 있다.

집도 구했겠다, 차도 구했겠다, 이제 슬슬 면허증을 따야지 했는데 어느새 4개월을 훌쩍 넘겨 버렸다. 더 미루기 전에 DMV에 예약부터

낯선 곳이 나를 부를 때

잡아놨다. '예약을 잡아 놓으면 어떻게든 그 날짜에 맞추어 준비하겠지….'

　운전면허 시험은 필기와 실기로 이루어져 있다. 주위에서는 한국에서 운전면허증을 취득하고 왔으면 필기 정도는 다 붙는다고 하며 공부할 필요가 없다 하였다. '이렇게 붙는 것을 아주 당연하게 여기는 시험에서 만약 떨어지면 얼마나 창피할까. 더구나 영어 시험인데….' 하고 걱정했지만 다행히 한국어로도 시험을 볼 수 있었고 한인 사이트에서 기출 문제를 쉽게 구할 수 있었다. 영어로 보는 실제 시험을 한 번쯤 치르고 싶은 마음도 들었으나 회사에서 창피함을 면하는 것이 나에게는 더 중요했다.

　기출 문제는 꼭 봐야 한다. 도로표지판과 같은 문제는 쉬울 수도 있지만, 법에 대한 문제, 즉 혈중 알코올 농도 및 유아 관련 문제는 직접 풀어 보지 않으면 절대 맞힐 수가 없다. 이런 법 문제는 기출 문제에서 계속 반복되기 때문에 한 번 풀고 외우는 것만으로도 충분하다.

　기출 문제를 한두 번 풀고 나니 자신감이 올랐다. 그 자신감을 계속 유지하며 DMV로 들어갔다. 두 번째 방문이라 지난번 자동차 등록을 하러 왔을 때보다는 긴장감이 덜했다. 안내 데스크에서 직원이 먼저 나에게 왜 왔느냐고 물었다.

"Drive license test for writing.(운전면허 필기 시험 보러 왔습니다.)"

"Residency proof, please.(거주증명서류 주세요.)"

또 예상치 못한 상황.

"Resi…? What?(레지…? 뭐요?)"

"Residency proof, please.(거주증명서류 주세요.)"

어리둥절하며 바라만 보고 있으니, 직원은 고개를 절레절레 흔들며 나에게 종이 한 장을 내밀었다.[10] DMV는 예약하려면 최소 10일 뒤이다. '기껏 시간 내서 왔는데…. 뭐 하나 한 번에 되는 게 없다.' 하며 차에 앉아서 직원이 건넨 종이를 찬찬히 읽어 보았다.

'The list below provides the documents acceptable as Proof of California Residency….(아래의 목록은 캘리포니아 거주증명서류로 유효한 문서로서….)'

임대(rental) 문서나 집으로 오는 공과금 문서, 보험증 등, 본인 이름과 현재 사는 주소가 정확히 일치하는 서류가 2개 이상 필요하다고 하였다. 은행 홈페이지에서 한 달 거래 내역을 조회하니 주소와 이름이 적혀 있는 서류를 PDF 파일로 받을 수 있었고 집 계약서에도 내 이름과 주소가 바로 적혀 있었다. 이렇게 문서 준비를 완료했다. 약 2주일 뒤, 혹시 몰라 보험증까지 챙겨서 3개의 서류를 들고 다시 DMV로 찾아갔다. 문서 접수 과정은 빠르게 패스(pass)! 담당 직원은 면허 시험 신청서류를 한 장 주더니, 작성 후에 대기 순번을 기다리라 하였다.

'What type of license? – Drive license(Basic class C)[면허증의 종류는? – 운전면허(기본 클래스 C)]'

'What do you want to do? – Get a DL/ID card for the first

---

10 DMV 홈페이지에서 거주증명서류에 대한 자세한 예시를 볼 수 있다.

낯선 곳이 나를 부를 때

time. (무엇을 원하는지? – 처음으로 DL/ID 카드 받기)'

이후에는 간단한 인적 사항을 적었다. 잠시 뒤에 내 차례가 왔다.

"Hi, Good morning."

"Hi, I want to do a writing test for drive license."

그리고 미리 작성한 신청서를 내밀었다.

"All right. Application fee is $33."

생각지 못한 지출. 내 33달러….

▌ 면허시험 신청 서류 – 기본 개인 정보와 눈 색깔, 키, 머리카락 색 등의 기입란이 있다.

"Thank you. Turn right at the end of desk and turn left at the corner."

알려준 대로 갔더니 별도의 공간이 나왔다. 직원에게서 받은 종이를 제출하며 필기 시험을 보러 왔다고 했더니 일단 사진 먼저 찍자고 했다. 면허증에 등록될 사진이었다. '아, 이럴 줄 알았으면 좀 더 멋있게 하고 올걸.'

"Can I take a test on Korean?(한국어로 시험을 볼 수 있을까요?)"

한국어로 시험을 볼 수 있는지 물었다. 담당자는 서랍에서 문제지를 하나 꺼내 주면서 옆에 있는 책상에 가서 풀고 오라 했다. 기출 문제에서 봤던 문제라 쓱쓱 풀고 갖다 주었다. 그랬더니 그 자리에서 바로 빨간 펜으로 채점해 주었다. 결과는 -2. 합격선은 50문제 중 -7

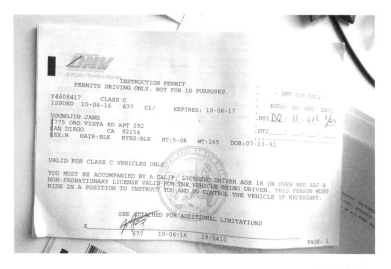

| 임시 운전면허 서류

까지다. 좀 전에 제출한 종이에 도장을 쾅쾅 찍어 주며 유의 사항을
말해 주었다.

"This is temporary drive license card. Validation is one year.
When you take Behind-the-Wheel Drive Test, you have to
bring it.(이것은 임시 면허증입니다. 유효 기간은 1년입니다. 실기 시험을
보기 위해서는 이것이 필요합니다.)"

정식 면허증은 아니지만 일단 임시라도 받았으니 안심이 되었다.
'이제 실기 시험만 마치면 된다. 후….'

:: **운전면허 실기 시험**(Behind-the-Wheel Drive Test) ::

임시 면허증을 받고 꾸물거리는 바람에 3개월 후에야 실기 시험을

낯선 곳이 나를 부를 때

치르게 되었다. '지금 면허증을 받는다 해도 몇 달 쓰지 못할 것 같지만 기념품 삼아 꼭 받고 만다.'

실기 시험 예약한 날짜에 DMV에서 운전에 동승해 주실 분을 만났다.[11] 안내 데스크를 거치지 않고 바로 운전면허 관련 부서로 갔다. 담당 직원은 먼저 동승해 주시는 분의 캘리포니아 운전면허증을 확인했다.

"ID, Insurance, and Registration, please."

'ID'와 'Insurance'는 알겠는데, 또 이상한 게 튀어나왔다.

"Do you mean Car Registration?(자동차 등록증 말씀하시는 건가요?)"

무슨 말인지 겨우 이해는 했는데 큰일이다. '내가 자동차 등록증을 만진 적이 있었던가?' 그동안 핑크 슬립이 자동차 등록증인 줄 알았다. 지금 갖고 있는지 없는지를 떠나서 그것이 아예 존재하는지조차 모르는 상황이었다. 일단 급한 마음에 차에 있다고, 지금 가져오겠다고 하고 밖으로 나왔다. 때마침 핑크 슬립과 함께 중요한 서류들을 한 곳에 모아 두었던 것이 기억났다. 동승자 분께 양해를 구하고 집에 잠깐만 갔다 온다고 했다.

다행히 핑크 슬립 옆에 'Car Registration'이라고 적힌 서류가 있었다. 이런 서류가 있었는지 그때 처음 알았다. 뭔지 몰라도 중요한 것 같아 한곳에 모아 뒀나 보다. 이제야 마음이 좀 진정되는 것 같다. 다

---

11 캘리포니아 운전면허 실기 시험 시에는 캘리포니아 운전면허증을 가진 사람이 반드시 동행자로 있어야 한다.

시 DMV의 직원에게 갔다.

"Perfect. Give me a second."

"Put this card on your car, so director can see this. Drive your car and go back to the building with guardian.(이 카드를 차에 놓아두어 감독자가 볼 수 있도록 해 주십시오. 그리고 차를 운전해서 동승자와 함께 건물 뒤로 돌아가세요.)"

직원은 차를 가지고 건물 뒤로 돌아가라고 했다. 그곳에는 'Behind-the-Wheel Drive Test'라고 적힌 표지판이 있었고, 이미 많은 차들이 차선을 따라 대기 중이었다. 한 대씩 한 대씩 차들이 빠지며 막 시험을 시작하는 차들도 보이기 시작했다. 도로 주행만 확인하는 것이 아니라 시험 전에 자동차를 조작하는 방법과 수신호에 대해서도 물어보는 듯했다.

동승자분께 수신호에 대해서 급히 물어보았다. 왼팔을 창밖으로 내밀고 아래로 내리면 좌회전, 올리면 우회전, 평평하게 펴면 멈춤. 그리고 창 안의 성에 제거 방법에 대해서도 물어본다고 하였다. 영어로는 'Defrost'. 몰랐으면 큰일 날 뻔했다.

마침내 내 차례가 왔고 감독관이 창문을 내리라고 하였다.

"Actually my window can't down. That's just half.(사실은 차량 창문이 잘 내려가지 않아요. 절반만 내려가요.)"

차를 구입하고 나서 며칠 뒤, 우회전하는 컨테이너 트럭에 끼여 내 차 문이 찌그러진 적이 있었다. 그로 인해 내 차 유리창은 절반밖에 내려가지 않았다.

"You can't take a test. Your window must be work.(당신은 시험
을 볼 수 없어요. 창문이 반드시 내려가야 합니다.)"

"Can I take a test to the other car? The other car is parked in
front of DMV.(그럼 다른 차를 타고 시험을 봐도 될까요? 다른 차가 DMV
건물 바로 앞에 주차되어 있어요.)"

"No.(안 됩니다.)"

"It's just one minute. Can I?(1분이면 돼요. 가능할까요?)"

동승자의 차로 시험을 봐도 되느냐고 물었으나 단칼에 거절당했다.
자동차 등록증이 없어 집에 갔다 왔고, 내 차례가 오기까지 차 안에서
3시간 동안이나 기다렸는데 너무 허무했다. 동승자 분께도 미안한 마
음이 컸다. 규칙만을 따지는 단호한 미국. 융통성이라곤 없다. 오래

걸리는 것도 아니고 바로 앞에 주차되어 있다는데, 다시 줄을 서란다.

가장 빠른 예약일은 2주일 뒤였다. 결국 또다시 예약을 잡았다. 차를 빌리든가 아니면 고쳐야 했다. 어차피 팔 때도 문짝이 찌그러져 있으면 아무도 안 살 테니 고치기로 마음먹었다. 일반 카센터에 가니 400~500달러나 든다고 했다. 한편 근처에 'car junk shop'이 있는 골목이 있는데 그곳에서 차 문만 구입한 뒤 교체하면 저렴하게 고칠 수 있다는 지인의 말을 들었다. 그곳으로 갔더니 폐차하는 차들만 모아서 부품을 팔고 있었다. 골목 구석구석을 돌며 내 차에 맞는 문을 찾아 교체했다. 총 비용은 200달러. 멕시코인들이 많아서 영어가 안 통하는 곳도 있었다. 이것도 상당한 정신적·육체적 노동이었다.

다시 DMV로 갔다. 자동차 창문도 잘 내려가고 느낌이 좋았다. 마침내 내 차례가 왔고 감독관 한 명이 나에게 다가왔다.

"Okay, Let's start. Do hand signal.(네, 시작합시다. 수신호를 해 보세요.)"

"Turn on the light.(라이트를 켜 보세요.)"

"Move the wind wiper.(윈드 와이퍼를 움직여 보세요.)"

"Push blah blah blah…"

'아, 또 뭐라는 거야….' 하며 당황하는 순간, 뛰뛰 소리를 내며 감독관이 씨익 웃었다. '클랙슨(klaxon), 경적 소리를 말하는 거였구나.' 그리고 나서 감독관이 조수석에 앉더니 몇 가지를 더 지시했다.

"Turn on defrost.(성에 제거기를 켜 보세요.)"

"Take hand brake.(핸드 브레이크 잡아 보세요.)"

"…?"

"Take emergency brake.(비상 브레이크 잡아 보세요.)"

'아, 사이드 브레이크!' 이후에는 DMV를 나서서 감독관과 함께 도로 주행을 했다. 약 10분 정도 동네 한 바퀴를 돌고 오는 것이었다. 미리 코스(course)를 숙지하고 싶었으나 감독관마다 말하는 코스가 다 달라 정보 찾기가 쉽지 않았다. 하지만 실제로 도로 주행을 하는 것은 쉬웠다. 도로 옆에 있는 제한 속도를 지키며 감독관이 시키는 대로 우회전, 좌회전, 갓길에 차 세우고 후진, 그렇게 한 바퀴를 돌고 나서 DMV 앞에서 주차하는 것으로 끝이 났다.

감독관은 잠시 날 째려보더니 "You have pass.(합격입니다.)" 하고는 깔깔깔 웃었다. 유쾌한 사람이었다. 감독관은 나에게 감점된 부분에 대해 설명해 주고는 DMV로 되돌아가 자신이 매긴 채점지를 제출하라고 했다.

DMV 직원은 나에게 축하한다고 하더니 무슨무슨 요금 7달러를 내라고 했고, 임시 면허증은 옛날 것 그대로 쓰라고 했다. 7달러는 면허증 발급비인 것 같다. 이런 데서 사기 칠 일은 없으니 고분고분 요금을 냈다. 만약 3개월 이내에 면허증을 받지 못하면 DMV로 와서 다시 임시 면허증을 받으라고 하였다. 운전면허증 취득 끝. 이제 기다리기만 하면 된다.

10일 뒤, 메일로 면허증이 날아왔다. 미국 시민권자들도 발급받는 데 3개월은 걸린다고 하는데 10일 만에, 굉장히 이례적인 속도로 받앗다. 하우스 메이트인 경미와 영진이는 6개월이 지나도록 면허증을 못 받고 결국 빈손으로 출국하기도 했다. 나는 받았으니까 좋다. 하하하.

Summary

1. 필기 시험 시. 거주를 증명할 수 있는 서류 2개, 신분증 지참.
2. 실기 시험 시 자동차 등록증, 보험증, 임시 면허증, 신분증 필수.
3. 실기 시험은 기본 감점 요소 항목 외, 'Critical' 항목이 있다. 'Critical' 항목은 하나라도 적발 시 바로 탈락한다.
   예) 규정된 도로 속도 초과, STOP 사인(sign) 불이행, 신호 무시, 감독관 지시 불이행, 좌 · 우 회전 시 고개 90도 이상 돌리기(캘리포니아 주) 등
4. 실기 시험에 3번 불합격하면, 필기 시험을 다시 봐야 한다.

낯선 곳이 나를 부를 때

PART 2

미국을
여행하는 길

"대도시부터 대자연까지,
제가 보고 경험했던
미국의 모든 이야기를 담았습니다."

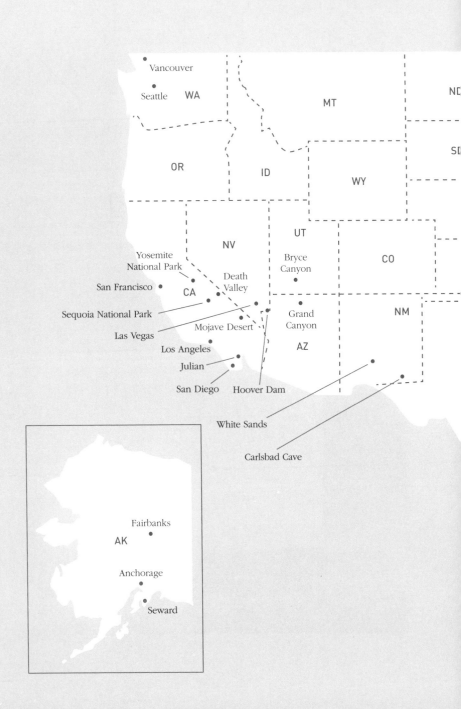

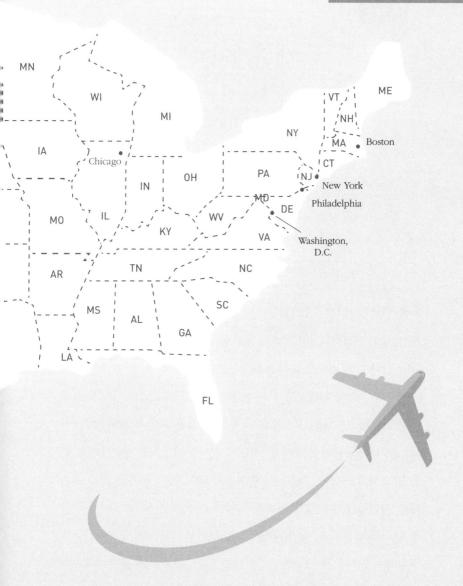

MN

WI

MI

VT

ME

NY

NH

IA

MA

Boston

Chicago

OH

PA

CT

NJ

New York

IN

MD

Philadelphia

MO

IL

WV

DE

KY

VA

Washington,
D.C.

AR

TN

NC

MS

AL

SC

GA

LA

FL

샌디에이고

미국 최고의 휴양 도시.
따뜻한 햇살과 여유를 느끼고 싶다면,
답은 샌디에이고이다.

캘리포니아 남부, 그리고 멕시코 국경 바로 위에 위치해 있는 샌디에이고는, 여름이 덥지도, 습하지도 않으며 겨울에는 긴팔 티셔츠 하나만 입어도 될 정도로 따뜻한 해양 도시이다.

한국에서 화상 채팅으로 회사 면접을 볼 때, 대표님이 나에게 하셨던 첫마디가 '샌디에이고, 참 공기 좋고 날씨 좋다'는 말씀이었다. '아니, 공기가 다 거기서 거기지, 차이가 있나?' 싶었지만 샌디에이고 땅을 밟고서야 느꼈다. 다르다. 진짜 공기 맑고 하늘 청아하더라. 우리나라 사람들에게는 약간 생소한 도시일 수 있지만, 미국에서는 상당히 인기가 높은 도시 중 하나이다. 여행 중 현지인들과 대화를 나누며 샌디에이고에서 왔다고 하면, '거기에 있지 도대체 왜 돌아다니냐'는

낯선 곳이 나를 부를 때

말들을 많이 듣기도 했다.

샌프란시스코나 시카고, 뉴욕 등 대부분의 미국의 도시들은 지역 명소가 서로 붙어 있어 대중교통으로 쉽고 빠르게 이동할 수 있다. 이에 비해 샌디에이고는 지역 명소들이 약간 떨어져 있기에 자동차를 렌트할 것을 추천한다. 물론 구글 지도를 보며 대중교통으로도 대부분 갈 수 있지만 시간이 오래 걸린다.

:: 샌디에이고의 세 바다: 라호야, 퍼시픽, 코로나도 ::

샌디에이고는 바다가 유명하다. 대표적으로 라호야(La Jolla), 퍼시픽 비치(Pacific Beach), 코로나도 비치(Coronado Beach)가 있다. 세 바다 모두 특색이 다르기에, 샌디에이고를 방문한다면 모두 가 볼 것을 추천한다.

먼저 라호야부터. 주말 오전에 종종 라호야로 가곤 했다. 한 채에 수십 억이 넘는 집들 사이를 걸으며 산책하기도 하고 라호야 코브(La Jolla Cove)에서 물개와 바다사자를 구경하기도 했다. 동물원처럼 울타리에 갇혀 있는 것이 아닌, 있는 그대로의 모습을 볼 수 있기에, 처음 방문했을 땐 꽤나 신기했다. 카약을 타거나 스노클링을 통해 바다에서 볼 수도 있었고, 바위나 해변에서 볼 수도 있었다. 단, 해변에서는 너무 가까이 접근하면 물릴 수도 있으므로 조심해야 한다.

라호야에는 인기 있는 브런치 가게들이 많다. 대표적인 곳은 The Cottage.[12] 대기 시간이 1시간이 넘어 두어 번 발걸음을 돌린 곳이다. 한번은 작정하고 갔었는데 왜 인기가 많은지 알 수 있었다. 팬케

이크, 오믈렛, 샌드위치 등 기본에 충실한 브런치 메뉴와 눈을 즐겁게 하는 화려한 디저트가 모두 있었다. 평범한 메뉴라도 아주 먹음직스럽게 접시에 담겨 나왔다. 물론 맛도 일품. 대기 명단에 이름을 올려놓으면 자기 차례에 문자로 알려 주기에, 근처에 있는 작은 옷 가게나 액세서리 가게를 둘러보기에 좋았다. 예쁜 물건이 많아서 사람들이 한번 들어가면, 꼭 손에 뭐 하나씩 들고 나오는 모습이었다.

두 번째로 퍼시픽 비치. 퍼시픽 비치는 라호야의 아래쪽에 있으며 차로 10분 정도 가야 하는 거리에 있다. 라호야가 관광지의 느낌이라면 퍼시픽 비치는 좀 더 흥겨운 분위기다.

---

12 The Cottage: 7702 Fay Ave, La Jolla, CA 92037. 가격대는 10~20달러를 이룬다.

낯선 곳이 나를 부를 때

▌ 해변에 올라와 있는 물개와 바다사자

    평범한 해변처럼 백사장에서 사람들이 쉬고 있는 것을 볼 수 있었다. 물놀이 하는 사람, 낮잠 자는 사람, 책 읽는 사람…. 이 사람들에 섞여, 나도 비치 타월 한 장을 깔고 누웠다. 한숨 자려 했지만 눈이 너무 부셔서 잠이 오지 않았다. 뜨거운 햇살에 온몸은 땀범벅. 다른 사람들은 어떻게 그리 잘 자는지 모르겠다.

    백사장 뒤로는 신나는 노래가 나오는 펍(pub: 술집)과 레스토랑이 있었다. 작은 롤러코스터, 회전목마, 범퍼카 같은 놀이 기구도 있고 다트나 오락실도 있었다. 주말에 나들이 오기에 딱 좋은 것 같다. 사람 구경도 할 겸.

    바다 바로 옆은 아니지만, 차를 타고 조금만 가면 Phil's BBQ[13]라는 곳이 있다. 미국 전체에서도 맛집 10순위에 선정될 정도로 인기가

많다. 대표 음식은 폭립(pork lib)과 비프립(beef lib)이며, 가격은 20
달러 내외이다. 맛도 있거니와 가격 대비 양도 많아서, 꽤 자주 이곳
에서 폭립을 사 먹었다. 사이드 메뉴로 양파튀김을 파는데, 양파튀김
역시 고기 못지않게 맛있다.

---

13 Phil's BBQ: 3750 Sports Arena Blvd, San Diego, CA 92110.

| 코로나도 비치 앞 – 코로나도 호텔

　마지막으로 코로나도 비치. 코로나도 섬에 있으며 크루즈를 타거나 코로나도 다리를 건너야 갈 수 있다. 깨끗한 모래에 긴 해변가가 특징이며 여유롭고 한적한 곳이다. 타지에서 친구들이 놀러 올 때면, 빠지지 않고 소개해 주는 곳이기도 하다. 긴 해변과 예쁜 코로나도 호텔을 보고 다들 좋아했다. 하룻밤에 60만 원이 넘는 가격만 아니면 나도 여기서 며칠 숙박했을 것 같다.

코로나도 비치는 동남아 바다처럼 맑고 투명한 그런 바다는 아니다. 물 색깔과 모래를 보면 우리나라 동해와 비슷하다. 하지만 넓고 긴 해변과 캘리포니아의 따뜻한 날씨, 그리고 햇빛이 어우르는 공기는 분명 이곳에서만 느낄 수 있을 것이다.

:: 숨은 명소 : 선셋 클리프와 라호야 자연공원 ::

샌디에이고에 오래 머무르다 보니 숨은 명소들을 많이 알게 되었다. 관광객들이 몰리는 곳 말고 현지인들이 많이 찾는 곳. 그중, 선셋 클리프(Sunset Cliff)는 해안을 따라 그리 높지 않은 절벽이 형성되어 있고, 그 절벽 아래로 짙은 색의 깊은 바다가 넘실거리는 곳이다. 영진이와 평일에 몇 번 방문하여 바람을 쐬고 왔었다.

해질녘이나 주말이면 해안을 따라 조깅하는 사람, 자전거 타는 사람, 절벽에 앉아 일몰을 구경하는 사람들을 많이 볼 수 있었다. 여유롭게 시간 보내기에는 개인적으로 앞서 말한 해변보다, 선셋 클리프가 더 좋은 것 같다. 절벽에 앉아 파도를 바라보며 '멍 때리고' 있으면 왠지 모르게 마음이 편해지더라. 아, 절벽 근처는 미끄러운 곳도 있기에 조심해야 한다. 전에 한번 술 먹고 갔다가 미끄러져서 식겁했다.

나는 골목으로 구석구석 다니는 것을 좋아한다. 그 동네, 그 도시의 문화도 느낄 겸, 나만의 명소도 찾을 겸. 라호야에서 차를 타고 골목골목 다니다가 발견한 곳이 하나 있다. 그곳은 바로 라호야 자연공원(La Jolla Natural Park). 라호야 해변 뒤에 있는 언덕에 자리 잡은 곳이다. 고지대에 위치하고 있기에 라호야는 물론 옆 동네까지 모두 훤

낯선 곳이 나를 부를 때

┃ 선셋 클리프

┃ 라호야 자연공원 - 라호야의 노을

히 볼 수 있는 곳이다. 이름 없는 곳인 줄 알았는데 이 글을 쓰면서 다시 알아본 후에 비로소 정확한 명칭을 알게 되었다.

이곳은 벤치가 2개뿐인 작은 공터이다. 입구의 공간도 차 3대 정도밖에 주차하지 못할 정도로 작다. 동네 주민들만이 가끔 방문하는 것 같았다. 처음 갔을 때, 우연히 노을을 보게 되었다. 사방으로 탁 트인 하늘이 온통 빨간색이었다. 그리고 금세 어둠이 밀려왔다. 하나의 하늘에 붉은색, 오렌지색, 노란색, 푸른색, 남색이 모두 있었다. 내 생애 가장 아름다운 노을이었다.

:: 미드웨이, 키스 동상 ::

다운타운 옆 바다에는 미드웨이(Midway)라는 항공모함이 있다. 1940년대에 건조된 미드웨이는 베트남전, 걸프전 등 굵직한 임무를 수행한 뒤, 2004년 박물관으로 일반인에게 공개되었다. 어마어마한 크기와 함께(축구장 7개 정도의 크기라 한다), 활주로에는 각종 전투기와 헬기가 전시되어 있다. 그 아래로 비행기 격납고, 선실, 식당, 수술실, 엔진룸 등 곳곳을 자세히 관람할 수 있다.

가격은 성인 기준 23달러. 인터넷에서 미리 티켓을 구매하면 2달러 할인된다. 미드웨이 바로 옆 주차장은 최소 10달러로 가격이 비싼 편이므로, 근처 길가에 노상 주차(street parking)를 이용하면 좋다. 최대 2시간 주차할 수 있으며 시간당 1.25달러이다.

다운타운에 머무르고 있다면 미드웨이는 물론 근처의 볼거리나 식당도 모두 가깝기에 걸어가는 것을 추천한다.

낯선 곳이 나를 부를 때

❙ USS 미드웨이

❙ 키스 동상 - Embracing Peace Statue

미드웨이 바로 옆에는 커다란 동상이 하나 있다. 제2차 세계대전이 끝난 후 거리의 축제 분위기에서, 한 수병과 간호사가 키스를 한 일을 바탕으로 제작되었다. 심지어 그 둘은 전혀 모르는 사이였다고 한다.

미드웨이와 키스 동상 말고도 그 주변에 먹거리와 더불어 소소한 볼거리가 있는 시포트 빌리지(Seaport Village)도 있고, 옛날의 범선이나 작은 배들이 박물관처럼 전시되어 있기도 하다. 다운타운을 구경하면서 같이 돌아보기에 좋을 것 같다.

샌디에이고 다운타운은 4구역으로 나뉘어져 있다. 어디를 가든 호텔, 술집, 맛집이 밀집해 있지만 구역별로 조금 더 특성화되어 있는 것들이 있다. 다운타운 남쪽인 가스램프 쿼터(Gaslamp Quarter)에는 펍(pub)과 클럽이 많이 있고 북쪽인 리틀 이탈리아(Little Italy)에는 이름이 보여 주듯 파스타나 피자 등 이탈리아 음식점이 밀집해 있다.

아무 데나 들어가도 다 맛있겠지만 하나 추천하자면 크랩 헛(Crab Hut)[14]을 말하고 싶다. 해안 도시에 왔으니 해산물 한번 먹어야 되지 않겠나. 크랩 헛은 해산물 레스토랑으로 특히 게 요리가 유명하다. 소스와 함께 쪄서 나오는데 갈 만하다. 새우나 조개를 이용한 수프나 리조또도 있다.

:: 샌디에이고 근교 1 – 포테이토 칩 록 ::

포테이토 칩 록(Potato Chip Rock). 바위가 얇은 감자 칩처럼 생겼

---

14 Crab Hut: 1007 Fifth Ave #101, San diego, CA.

낯선 곳이 나를 부를 때

▎포테이토 칩 록으로 올라가는 길　　　　　　▎포테이토 칩 록

다고 해서 붙여진 이름이다. 회사 이사님의 제안으로 영진이, 경미와 함께 갔다. 약 한 시간 정도 거리에 있었고 별도의 입장료는 없었다. 산 위로 약간 트레킹(trekking)을 해야 했다. 입구에서 넉넉잡아 1시간 정도 걸으니 목적지에 도착할 수 있었다. 가파른 경사가 있는 곳도 있지만 어린아이들도 무리 없이 가는 곳이다.

시야가 트인 곳에서 주위 전경이 보였다. 산은 산인데 뭐랄까, 높은 나무와 시냇물보다는 커다란 바위가 많이 박혀 있었다. 바위 박힌 언덕에 풀과 나무가 자라난 듯했다.

포테이토 칩 록에서는, 바위 위에 올라가 사진을 찍으려고 사람들이 30분 이상 줄을 선다. 당연하다는 듯이 나도 줄을 섰다. 옆에서 볼 때는 잘 못 느꼈지만, 내 차례가 되어 얇은 바위 위로 올라가려니 조금 무서웠다. 그럴 리는 없겠지만 혹시나 바위가 부러지지는 않을까 하는 생각에 후다닥 찍고 내려왔다. 주말을 맞아 가볍게 산책도 할 겸 근처 도시에서 많이들 찾는 것 같다. 샌디에이고에 오래 머무른다면, 한 번 갈 만하다.

▌ 율리안. 아주 작은 마을이다.

▌ 애플파이와 아이스크림

:: 샌디에이고 근교 2 – 율리안 ::

주말이 너무 심심해서, 멀리 가기는 싫고 그렇다고 맨날 보는 바다도 싫고…. 구글링을 하다 율리안(Julian)이라는 곳을 알게 되었다. 옛날 '황야의 카우보이'들이 머물렀을 법한 그런 사진들이 나왔다. 재미있을 것 같았다. '영진이 꼬셔서 가자고 해야지.'

산을 넘고 작은 마을들과 초원을 지나 한참을 갔다. 약 1시간 반후, 율리안에 도착. 카우보이 느낌은 크게 나지 않았다. 대신, 율리안 근처 마을에서 할리데이비슨 오토바이를 타는 아저씨들을 많이 볼수 있었다. 온몸에 문신을 하고 해골이 그려진 옷과 체인, 가죽 재킷을 걸치고서 무리 지어 있는 모습이었다. 옛날 카우보이들이 할리데이비슨 오토바이를 타는 사람들로 진화했나 보다.

율리안은 사진에 보이는 것이 거의 전부인 마을이다. 주차를 하고조금 걸어 보았다. 세월의 흔적이 보이는 집과 가게가 있었다. 그마저도 중심 거리를 지나면 드문드문 있었다. 지난 수십 년, 사회가 급격한 발전을 이룰 동안, 이 마을은 자동차를 제외하고는 크게 변한 것

낯선 곳이 나를 부를 때

이 없는 듯 보였다. 율리안은 애플파이가 아주 유명한 곳이기도 하다. 방문객들 중 거의 모든 사람이 애플파이를 사 간다고 해도 과언이 아니다.

그중 유독 많은 사람들이 줄을 서고 있는 애플파이 가게[15]가 눈에 띄었다. 애플파이와 블루베리, 호두파이를 팔고 있었다. 조각 혹은 한 판 통째로 살 수 있었는데 한 조각에 약 4.5달러, 한 판에 약 16달러 정도 했다.

마음 같아서는 종류별로 모두 먹어 보고 싶었으나 애플파이만 한 판 샀다. 부드럽게 씹히는 사과와 바삭한 빵. 처음 먹을 때는 맛있게 먹었지만 금방 질렸다. 한 조각 먹고 남은 것은 그대로 집으로…. 서부의 시골 느낌과 한적한 드라이브를 즐기기에 좋은 마을이다.

:: LA의 산타 모니카 ::

로스앤젤레스(Los Angeles: LA)와 샌디에이고(San Diego)는 차로 2시간 반 정도의 거리. 한국에서 이 거리면 서울에서 전주, 서울에서 강릉 정도 갈 수 있는 거리다. 이렇게 한국에서는 웬만한 지역을 넘나들 수 있지만, 미국에서 2시간 반 거리는 앞마당 수준이다.

I-5 고속도로(freeway)는 미국 남쪽 멕시코 국경부터 북쪽 캐나다 국경까지 이어져 있어 LA는 물론 산호세, 샌프란시스코, 시애틀 등 유명 도시가 모두 연결되어 있다. 이 도시들을 고속도로 하나로 갈 수

---

15 Mom's Pie House: 2119 Main St, Julian, CA.

있다.

차 안에서 음, 박자 다 엇나간 노래를 부르며 신나게 출발.

차가 밀려 거의 3시간 만에 도착했다. 어찌어찌해서 도착은 했는데
주차할 공간이 없다. 노상 주차(street parking)를 하러 주위를 살폈는
데 자리가 없다. '괜히 잘못 댔다가 견인 당할라⋯.' 가까운 공영 주차

낯선 곳이 나를 부를 때

■ 산타모니카 해변

장으로 향했다. 돈은 들었지만 마음은 편했다. 숙소는 LA의 산타 모
니카에 있는 한 호스텔. 휴양지라 그런지, 휴일이라 그런지, 호스텔
치고는 가격이 굉장히 비쌌다. 8인 도미터리(dormitory)인데 세금 포
함 72달러를 지불하였다.

　"Hi, I have a reservation."

▌ 산타모니카 중심 거리

"Hi, ID, please."

직원은 내 아이디를 확인하더니 곧바로 방을 알려 줬다.

"Your room is 8-dorm, one night. It's $72 including tax.(고객님의 방은 8인 도미터리, 하룻밤입니다. 가격은 세금을 포함해서 72달러입니다.)"

"All right."

"This is your card key. You need to swipe on out door. And your room is 3rd floor. You can go up to stair.(고객님의 카드 열쇠입니다. 밖에서 들어오실 때 카드 긁으시면 되고요, 방은 3층입니다. 계단으로 올라가시면 됩니다.)"

간단한 설명을 들은 후, 배정받은 방으로 올라갔다. 방문을 여는 순간, 척척한 냄새와 함께 룸메이트들의 짐들이 바닥에 여기저기 흩

낯선 곳이 나를 부를 때

어져 있었다. '아, 더러워라. 그래도 하룻밤이니까 그냥 참고 자야지.' 했는데, 배정받은 내 침대까지 사용한 듯하였고, 깨끗하게 정리되어 있어야 할 수건 역시 누군가가 이미 쓴 듯했다. '도저히 안 되겠다. 방 바꿔 달라 해야지.'

"Excuse me. Can you change my room? It's so dirty. Someone already used my bed and towel.(실례지만, 제 방 좀 바꿔 주시겠어요? 너무 더러워요. 누군가가 벌써 제 침대와 수건을 사용했어요.)"

직원은 군말 없이 방을 바꿔 주었다. 새로 배정받은 방도 짐들이 널려 있었지만 아까보다는 훨씬 나았다. 가방을 던져두고 5분 거리의 산타 모니카 해변으로 갔다. 백사장에는 고운 모래와 함께 체조 기구와 잔디밭이 있었다. 잔디밭에서 사람들이 남녀 짝을 지어 요가를 하고 있었고, 철봉, 구름다리 같은 체조 기구를 이용하기도 했다. 자유로웠다. 긴 부둣가에는 작은 놀이 기구와 레스토랑들이 입점해 있었다. 굉장히 활기찬 곳이었다.

강렬한 캘리포니아의 햇살을 맞으며 산타 모니카 중심가로 향했다. 다운타운과 비슷한 느낌이었다. 레스토랑과 쇼핑 거리가 이어졌다. 레스토랑마다 사람들이 줄을 서 있었고, 길거리에는 다양한 버스킹(busking: 거리 공연)이 펼쳐지고 있었다. 관객이 많은 버스킹도 있었고, 한 명도 없는 버스킹도 있었는데, 흥겨운 록 음악을 연주하고 있는, 관객이 많은 버스킹에 나도 자연스럽게 귀를 기울였다. 나는 록이나 댄스 음악을 선호하지 않는 편이지만, 길거리의 분위기 때문이었는지 어깨가 절로 들썩여졌다.

| 할리우드 대로

우리 집 근처는 해가 지면 인적이 드물어 집에만 있었는데 이곳은 아닌 듯했다. 밤 10시가 넘었지만, 여느 관광객처럼 길거리를 활보했다.

:: 영화의 도시, 할리우드 ::

지난밤은 무척이나 시끄러웠다. 새벽에 술 마신 사람들이 지르는 괴성과 노래, 그리고 종종 들리는 사이렌. 잠자는 시간이 그리 유쾌하지 않았다. 늦은 아침, 체크 아웃을 하고 차로 갔다. 무인 결제 시스템이라 기계 매뉴얼(manual)대로 했는데 이놈(?)이 내 카드를 되돌려 주질 않는다. 처음 이용하는데, 고장이니 참 난감하였다. 기계에 있는 호출 벨을 눌렀다.

"Yes, speaking."

"Uh, I inserted my card, but the machine doesn't work."

"Okay. I will go there."

그렇게 온다는 사람은 20분을 훌쩍 넘겨서야 겨우 왔다. 기다림의 나라, 미국. 직원은 기계를 분해한 후, 내 카드를 꺼내어 돌려주었다. 주차장을 나서 할리우드(Hollywood)로 향했다. 말로만 들었던 그 할리우드!

산타모니카에서 그리 멀지 않아 20분이면 갈 수 있었다. 거리에는 슈퍼맨, 배트맨, 스파이더맨으로 코스프레(컴퓨터 게임이나 만화, 영화 속의 등장인물로 분장하여 즐기는 일)를 한 사람들이 관광객들과 사진을 찍으며 팁을 받고 있었다. 특히 스파이더맨은 교차로의 신호등에 매달려 사진을 찍어 주었다. '팬서비스 보소.' 웬만하면 무시하고 지나가려 했지만, 영화에 나오는 캐릭터와 너무 똑같았다. 그래서 나도 1달러를 주고 사진을 한 장 찍었다.

자신이 부른 노래가 녹음되어 있다며 CD를 주는 사람들도 있다. 흥미를 보이면 곧바로 사인해서 준다. 그리고 어김없이 금전을 요구한다. 1~2달러 정도가 아니고 10달러 이상 뜯어 갈 때도 있다. 룸메이트인 영진이는 흑인 형(?)들에게 둘러싸여 40달러를 뺏겼다. 어떤 말을 걸든 무시하는 게 상책이다.

길바닥에는 유명 배우들의 이름이 별 모양의 기호 안에 각인되어 있었다. 자신이 아는 배우가 나오거나 유명한 배우 이름이 적힌 곳에서는 사람들이 너도나도 사진을 찍는다고 '난리통'을 이루었다.

▌할리우드 대로   ▌할리우드 간판

    터미네이터와 똑같이 만들어 놓은 모형, 1960년대 스타들이 타고 다니던 자동차, 털복숭이 '바야바'가 전시되어 있는 기념품점이 있었고, 그 옆으로 아카데미 영화 시상식이 열리는 극장이 있었다. 처음에는 마냥 신기했다. 하지만 할리우드는 이것으로 끝이었다. 처음에는 사람들 보는 것도 재미있고, 거리를 걷는 것도 재미있어 실실 웃으며 돌아다녔지만 한 블록 정도 지나고 나니 익숙해져서 다른 재미를 느낄 수 없었다.

    햄버거로 끼니를 해결하고 할리우드 간판을 보러 갔다. 따로 정해 놓은 길 없이 눈에 보이는 'HOLLYWOOD' 글자를 따라갔다. 최대한 가까운 곳에서 보고 싶어, 집중해서 운전대를 잡았지만 정신 차려 보니 맞은편 언덕에 서 있었다. 투어 버스가 간간이 올라가길래 따라갔

                                                         낯선 곳이 나를 부를 때

는데 처음부터 방향을 잘못 짚은 듯했다. 그렇지만 언덕에서 할리우드의 전경을 다운타운을 비롯해서 간판까지 모두 한눈에 볼 수 있었다. 간판을 가까이서 보지 못해 약간 아쉬웠지만 숨은 명소를 찾았다는 사실에 만족했다.

LA는 샌디에이고 옆이라서 '다음에도 자주 올 수 있겠지.' 하며 여행을 마쳤다. 내가 간 곳 말고도 게티 센터, 그리피스 천문대, 비벌리힐즈 등 많은 명소가 있다.

하지만 하루 이틀 미루다가 결국에는 가 보지 못했다. 'LA는 워낙 큰 도시니까 출장이나 여행으로 한 번쯤은 더 갈 수 있지 않을까?' 하는 생각으로 나 자신을 위로한다.

세쿼이아 국립공원

세상에서 가장 큰 나무가 울창하게 들어서 있는 숲,
숲 속에서, 거대한 나무 아래서 압도될 것이다.

:: 거대한 나무들의 향연, 세쿼이아 숲 ::

몇 주 전부터 어딘가 훌쩍 떠나고는 싶은데 어디로 갈까 찾아보다
세쿼이아 국립공원(Sequoia national park)으로 결정했다. 공휴일을 끼
고 가는 것이 아니라 주말에 회사 동료 인턴들과 함께.

세쿼이아는 수십 미터 높이의 나무들이 빽빽이 자리하고 있는 숲이
다. 만년설, 사막, 황무지 등 갖가지 자연과 기후가 공존하고 있는 미
국. '한국에서 보기 힘든 만년설이나 사막을 봐야지, 숲을 왜 봐?'라
고 생각한다면 오산이다. 나 또한 그저 '경치 좋고 나무 많아서 공기
좋겠네.'라고 생각했지만, 실제로 가서 보고는 말도 안 되게 큰 나무
들 사이에서 그저 '우와! 우와!' 하면서 감탄만을 자아냈다.

낯선 곳이 나를 부를 때

세쿼이아는 LA에서 북쪽으로 차로 3시간 반 정도의 거리에 있다.[16] 샌디에이고에서는 약 5시간 30분에서 6시간 정도의 거리. 아침 일찍 출발하면 점심때쯤 도착한다. 너무 늦다는 생각이 들어 토요일 새벽 2시에 출발했다. 1박 2일 동안 운전은 돌아가며 하기로 했다. 운전을 다른 사람에게 맡기고 출발한 후 나는 새벽에 잠들었다가 동틀 무렵 깼다. 눈에 보이는 건 끝없는 직선도로. 얼핏 보면 짧은 것 같지만, 마치 신기루를 보는 것처럼 가도 가도 끝이 없었다. 이따금 나오는 광고 간판과 마주 오는 차들이 전부였다. 매일 이런 것들만 보고 산다면 정말 심심한 일상일 것 같았다.

하지만 영화에서나 보던 끝없는 지평선. 처음으로 마주했기에 마냥 신기했다. 클래식 음악과 함께 드라이브를 하던 중 잠깐의 휴식을 취하러 스타벅스(Starbucks)를 찾았다. 이런 외진 곳에도 매장이 있는 걸 보면, 새삼 스타벅스가 대단하게 느껴진다. 이른 아침에 모두 어디에서 왔는지, 여러 사람들이 커피를 마시며 신문을 보고 있었다.

곧이어 맞은편에 있는 맥도날드에 갔다. 오늘 하루 바쁘게 다니려면 아침을 든든히 먹어야 할 것 같다. '맥모닝'을 먹기로 하고 'Meal'로 시켰다. 가격이 7~8달러 정도 나왔는데 조금 비싼 것 같다. 우리나라에서 먹던 것과 대부분 같았지만 달걀과 해시 브라운(Hash brown)이 약간 달랐다. 그래도 맛있다는 사실은 변함이 없었다.

맥모닝을 맛있게 먹고 차로 조금 더 달려 세쿼이아 입구에 도착했

---

16 국립공원 안에서는 데이터 사용이 되지 않는다. 구글 오프라인 지도를 꼭 내려받아 가자.

❚ 끝이 안 보이는 직선도로

❚ 세쿼이아 국립공원 길

낯선 곳이 나를 부를 때

다. 나름 아침 일찍 왔다고 생각했지만, 우리보다 먼저 온 차들이 긴 줄을 형성하고 있었다. 그래도 다행히 줄이 빨리 줄어들었다. 입장료는 차 한 대당 30달러. 당시에는 국립공원에 대해 잘 몰랐기 때문에 별생각 없이 30달러를 지불했지만, 'Annual National Park Pass'라는 연간 이용권이 있다. 이는 80달러로 얼핏 보면 비싸 보이나 국립공원을 세 군데 이상 방문할 예정이라면 훨씬 경제적이다. 그랜드캐니언, 브라이스캐니언은

┃ 세쿼이아 나무

물론 미국에 있는 크고 작은 국립공원(national park)을 1년간 무제한으로 입장할 수 있는 티켓이다.

　관광안내소(visitor center)에서 간단한 정비 후 본격적인 세쿼이아 여행이 시작되었다. 미국의 국립공원들은 직접 발로 걸으면서 보는 구간도 있지만, 대개는 차로 이동하며 '뷰 포인트(view point)'마다 차를 세워 경치를 구경하는 구간이 많다. 입구에서는 차가 밀려 사람이 많은 듯했지만 막상 들어와 보니 한적하다. 드문드문 보이는 차들, 그리고 곧바로 보이기 시작하는 거목들. 딱 봐도 수십 미터는 되어 보이는 나무들은 그 높이만큼이나 커다란 둘레를 자랑하였다.

　큰 덩치에 맞지 않게 뿌리는 약한 듯 지반 위로 드러나 있었고, 바람에 쓰러진 나무들도 많이 보였다. 하지만 공원 관계자들은 쓰러진

나무들도 자연의 한 부분으로 생각하며 그대로 내버려 둔 듯했다. 야
생동물들이 보금자리를 튼 듯, 구멍이 나 있는 나무들도 많았고, 도
로 위로 쓰러진 나무는 치우는 대신, 다른 길을 내어 차들이 지나가게
하였다. 자연을 최대한 보존하고자 하는 의도로 보였다.

　비어 있는 공간에 잠시 차를 세우고 밖을 거닐었다. 굽이굽이 길을
따라 좀 높은 곳으로 올라온 지라, 저 멀리 산 밑이 훤히 보였다. 왼

　　　　　　　　　　　　　　　낯선 곳이 나를 부를 때

| 예뻐서 길 가다 차를 세운 곳

쪽에는 아치형 다리, 오른쪽에는 웅장한 거목이 보였고, 조금씩 단풍이 들어 산 중간중간이 울긋불긋하였다. 사람이 많지 않아 조용한 것도 좋았다. 후에 자세히 찾아보니 클로버 강을 지나는 길이었다. 산을 좋아하여 한국에서도 봄, 여름, 가을, 겨울, 계절 가리지 않고 산에 많이 가는 편이었지만 이곳은 정말 다른 느낌이다. '산이 다 거기서 거기지 뭐.' 하는 사람들도 이곳에 와 보면 다른 생각을 가지게 될 것이다.

한참 후에 또 다른 한적한 곳에 차를 세웠다. 도로 옆에 보이는 크고 넓적한 바위, 그 너머로 다시 장관이 펼쳐졌다. 뷰 포인트는 아니었지만 차를 세우고 수풀을 헤쳐 바위 위로 올라갔다. '캬, 죽인다. 이런 곳에서 라면 하나 끓여 먹어야 하는데….' 대강 찍어도 사진이 패션 화보처럼 나왔다(물론 배경이 좋아서가 아닌 모델이 좋아서). 잠시 후에 한 백인 커플(couple)이 와서 우리가 있던 곳에서 경치를 감상하다 키스를 하는 모습이 보였다. 참 예뻤다. 멜로 영화의 한 장면을 보는 듯, 연인의 아름다움에 내 감성도 풍부해지는 것 같았다.

:: 세상에서 가장 큰 나무, 제너럴 셔먼 트리 ::

세상에서 가장 큰 나무가 있다는 곳으로 향했다. 그곳에는 사람이 제법 있었다. 주차를 하고 나서 조금 걸어야 볼 수 있는 제너럴 셔먼 트리.[17] 숲 사이를 걸으니 영화 속 배경에 들어온 듯하였다. 저 멀리 사람들이 모여 있다. 그리고 그 옆에 보이는 커다란 나무 한 그루, 정말 크긴 크다. 고개를 90도까지 들어야 나무 꼭대기가 보일까 말까 했다. 하지만 다른 나무와 달리 압도적으로 크다는 생각은 들지 않았다. 옆에 있는 다른 나무들도 그만큼 크기에⋯. 제너럴 셔먼 트리 앞

---

17 제너럴 셔먼 트리(General Sherman tree): 지구에서 가장 크다는 나무. 가장 높은 나무는 아니다. 높이 약 83m, 둘레 약 31m, 두께 약 11m.

낯선 곳이 나를 부를 때

▎ 제너럴 서먼 산책로　　　　　　▎ 제너럴 서먼 트리

에서는 공원 관계자가 여러 가지 설명을 해 주고 있었다. 세쿼이아 나무의 씨앗도 보여 주며 이것저것 설명해 주었는데 제대로 알아들을 수는 없었다.

　옆에 가서 사진을 찍으려고 하였으나, 나무가 너무 커서 카메라로 모두 담지는 못했다. 쪼그려 앉아서 이렇게 저렇게 자세를 잡아 봐도 나무를 다 담기에는 무리였다. 숲 한가운데로 들어가서 충분히 자연을 느낀 후, 차로 돌아왔다.

　이제 하산해서 숙소로 가야겠다 싶어 다시 굽이굽이 길을 지나 내려오는데 어디서 타는 냄새가 난다. 나무나 종이 타는 냄새가 아닌 기계가 타는 퀴퀴한 냄새다. 우리가 가지고 온 차는 2000년식 토요타 캠리. 아주 오래전에 만들어진 자동차였다. 한국에서는 상상도 못 할 일이지만, 미국에서는 혼다 어코드와 토요타 캠리만큼은 이 정도 연식이 되어도 비교적 흔한 차에 속했다.

평소에 다니는 데 별문제가 없어서 이 차를 타고 왔는데 내리막길에서 타는 냄새가 나니 겁이 슬슬 났다. 내려서 확인해 보니 타이어 쪽에서 냄새가 났다. 타이어가 타는 것인지, 브레이크가 타는 것인지 알 수 없어 기어를 중립으로 놓고, 최대한 브레이크를 밟지 않고 내려왔다. 갓길에 'Save your brake'라는 문구가 적힌 표지판이 보인다. '혹시나 브레이크가 고장 나서 사고 나면 어쩌지?' 마음을 졸이며 조심조심 내려왔다. 특히 차 주인인 영진이의 얼굴에는 근심과 걱정이 가득했다.

후에 샌디에이고로 돌아와서 차 점검을 받아 보니 브레이크는 80% 이상 남아 있다 하였다. 또한 산에서 브레이크를 밟으면서 내려오면 새 차라도 타는 냄새가 난다고 걱정하지 말라고 하였다.

에어비앤비(Airbnb)를 통해 예약한 숙소로 갔다. 월마트(Walmart)에서 산 술과 고기로 회포를 풀다 축적된 피로로 인해 하나둘씩 금방 잠에 빠져들었다.

:: 고속도로에서 만난 '아메리칸 라이프' ::

어느새 다음 날 아침, 이제 집에 갈 일만 남았다. 약 7시간 거리. 생각만 해도 끔찍하다. 여기서 운전하다 보면 한국에서 두세 시간 운전하는 거리는 정말 아무것도 아닌 것 같다. 고속도로를 타고 가는 길에 민둥산 언덕이 보인다. 잠시 차를 세웠다. 내가 서 있는 곳을 기

낯선 곳이 나를 부를 때

▌고속도로 달리는 중 – 흔히 볼 수 있는 황폐한 산

점으로 뒤로는 새카만 비구름이 있었고 앞으로는 해가 쨍쨍하였다. 먹구름이 있어서 그런지 바람이 매우 세게 불었다. 나무 한 그루 없이 휑한 언덕과 그 앞을 통제하는 울타리, 그리고 'STOP' 표지판. 뭔가 분위기 있어 보였다. 왠지 모르게 느껴지는 '아메리칸 라이프(American life)'랄까, 청승(?)을 좀 떨다 다시 차에 올랐다.

LA에 도착한 후, 한인 타운의 '북창동 순두부' 가게에서 순두부찌개를 시켰다. 평소에 잘 안 먹는 순두부찌개였지만 아주 유명하기도 하고 다수의 의견에 따라 메뉴가 정해졌다. 미국에서는 워낙 얼큰한 걸 못 먹으니 약간 '땡기긴' 했다. 불고기나 갈비 등 다른 메뉴도 있었지만 결국 오리지널 메뉴인 순두부찌개를 시키기로 했다. 가격은 10달러 정도. 먹어 보니 진짜 맛있다. 최근에 먹은 음식 중에 제일 맛있다. 순두부찌개를 그리 좋아하지 않는 내가 이렇게 맛있게 먹을 정도이면 다른 사람들은 누구나 다 좋아할 것 같다. 한국에도 있는 체인점이지만 LA에서 한식이 먹고 싶다면 방문해도 좋을 듯하다.

이것저것 하다 보니 시간이 많이 늦었다. LA까지 왔으니 샌디에이고는 이제 조금만 더 가면 된다. 내일 출근할 생각에 인상을 찌푸리며 다시 운전대를 잡았다.

낯선 곳이 나를 부를 때

시애틀

비의 도시. 비를 싫어하더라도,
시애틀에서는 비의 향기와 땅의 축축함에
오감이 심취될 것이다.

:: 시애틀에서 한 번쯤은 잠 못 이뤄 봐야지 ::

미국에서 가장 큰 연휴 중 하나인 추수감사절(Thanksgiving Day).
룸 메이트인 영진이, LA에서 인턴 중인 영헌이와 함께 시애틀 여행을
계획하였다. 한국이라면 평소 잘 알고 있는 웹사이트를 통해 쉽게 항
공권을 예약하겠지만, 미국에서는 저렴한 항공권을 찾기가 쉽지 않았
다. 웹사이트라도 알고 있으면 좋겠지만 아무런 정보조차 없는 나라,
미국.

사이트를 뒤지고 뒤져 저스트플라이(www.justfly.com)라는 웹페이
지를 알게 되었다. 여행 도시와 날짜를 선택하면 원하는 조건별로 순
차적으로 검색되었다. 익숙하지 않은 홈페이지이기에 처음에는 긴가

▌간다. 시애틀로!

민가했지만, 깔끔한 웹페이지 디자인과 편리한 필터 기능에 곧 단골손님이 되었다.

영헌이와는 시애틀에서 만나기로 하고, 영진이와 함께 설레는 마음으로 출발하였다. 미국에서의 공항 이용은 처음이라 마냥 낯설고 신선하였다. 우리가 탈 비행기는 버진 아메리카(Virgin America) 항공. 카운터가 여러 개 있고 그 앞에 자동으로 티켓을 받을 수 있는 기계가 있었다. 기계 앞에서 어쩔 줄 몰라 하고 있으니 직원이 와서 도와주었다. 실제로는 과정이 간단했다. 신분을 증명할 수 있는 방법을 선택하고 목적지를 입력하고 기다리면 끝.

수속을 끝내니 홀가분하다. 공항 안에 있는 예쁜 분수대에서 사진도 찍고 '이거 먹을까, 저거 먹을까?' 생각하며, 일상에서 벗어난 지금이 마냥 좋다. 비행기는 LA를 경유하였다. 경유 시간은 약 2시간. 배가 고파 잠깐 요기하기로 하고, 작은 식당에서 덮밥을 시켰다. 공항이라 그런지 가격이 비쌌다. 밥 한 그릇에 11달러. 맛도 그냥 그럭저럭. 그야말로 배고플 때 먹는 음식인 듯하다. 밥을 다 먹은 후 영진이는 화장실에 가고 나는 식탁에 앉아 휴대폰을 만지던 중, 공항 안내 방송이 흘러나왔다. 대수롭지 않게 여기고 있던 중에 느닷없이 들리

낯선 곳이 나를 부를 때

는 'Ho-dong, Yu'와 'Young-jin, Jang'. 그리고 '시애틀'이라는 단어가 귀를 스쳐 지나갔다.

'응? 우리 부르는 건가? 시애틀 가는 비행기 빨리 타라는 건가?'

우리 비행기의 출발 시각은 4시 55분. 그렇다면 게이트(gate: 비행기 탑승구)를 닫는 시간이 적어도 4시 30분. '아, 늦었구나.' 우리는 55분이라는 숫자만 보고 '55분까지 가면 되겠네.' 하면서, 게이트 닫는 시간을 미처 생각하지 못하고 있었던 것이다. 급하게 빈 그릇을 치우고 있는 찰나 영진이가 와서 묻는다.

"야, 방송에서 우리 불렀다 아이가? 맞제?"

우리 둘 다 영어를 잘하지 못하지만 자기 이름은 기가 막히게 잘 듣는다. 그리고 하루가 다르게 늘어가는 눈치. 가방을 둘러메고 게이트로 뛰어갔다. 다 와 가니 남자 직원들 둘이서 깔깔거리며 대화 중이다. 뛰어오는 우리를 보고는 천천히 오라고, 아직 시간 있다고 웃으며 말해 주었다. 하마터면 밥 먹다가 비행기 놓치는 상황을 경험할 뻔했다. 하나의 경험은 하나의 지혜라지만 이런 경험은 안 해도 될 것 같다. 안도의 한숨을 내쉬며 탑승. '시애틀까지 2시간은 걸리니 이제 좀 쉬어 볼까.'

시애틀에 도착했다. 북쪽 지방이라 그런지 날씨가 확연히 차이가 났다. 주섬주섬 옷을 껴입고 '링크(Link)'라 불리는 전철을 타러 갔다. 영헌이와는 링크 타는 곳에서 합류하였다. 운 좋게 도착 시각이 같아 곧바로 만나 함께 이동할 수 있었다.

구글 지도를 열심히 찾아, 예약해 놓은 호스텔과 최대한 가까운 곳에 내렸다. 그런데 이게 웬걸. 전철에서 내렸더니 비가 온다. 분명 시애틀에서 몇 년 동안 산 사람이 시애틀에서는 비가 와 봤자 조금 온다고, 그냥 맞고 다니라고, 다들 비 맞고 다닌다고 해서 우산 없이 그냥 왔는데, 이 비는 그냥 맞을 수 있는 비가 아니었다.

혼자 씩 웃으면서 자기만 쓸 거라며 우산을 편 영헌이는 비와 함께 불어 대는 거센 강풍에 의해 곧바로 우산을 접는다. 현재 시각 밤 9시. 그렇게 늦은 시각은 아니었지만 다운타운에 사람 한 명 보이지 않았다. 아무리 날씨가 좋지 않다고 해도 다운타운치고 너무 황량했다. 심지어 차들도 보이지 않았다. 날씨가 이래서 사람이 없을 거라 생각하며 걷던 도중, 시애틀의 대표 명소인 '퍼블릭 마켓 센터(Public Market Center)'가 보였다. 밤이라 빨간색 조명으로 거리를 비추고 있었다. 어차피 맞은 비, 잠깐 보고 가자 해서 들렀다.

인터넷이나 책에서 볼 때는 항상 사람이 바글바글했는데 역시나 이곳도 조용하다. 스타벅스 1호점도 보였다. '여기가 진짜 1호점인가?' 싶을 만큼, 작다고는 들었는데 인적이 없어서 그런지 유명 카페 같지가 않았다.

곧장 발걸음을 재촉하여 호스텔로 향했다. 독특한 머리 모양과 피어싱(piercing)을 한 여성이 우리를 맞아주었고, 우리는 바로 배정받은 방으로 갔다. 예약할 때는 모던(modern)한 느낌의 깔끔한 모습이었는데, 이 방은…. 사진과 달라도 너무 달랐다. 벽에는 이상한 그림이 걸려 있고, 페인트가 흘러내리고 있었고, 심지어 더러운 이물질도 묻어 있었다.

낯선 곳이 나를 부를 때

　방 안에는 작은 세면대가 있었는데 세면대 깊이가 너무 얕아 양치를, 하든, 세수를 하든 물을 질질 흘릴 수밖에 없었다. '설계를 도대체 누가 했는지, 참…. 내가 해도 이것보단 잘할 것 같다.' 게다가 긴 복도에 샤워실은 1개. 샤워실에 옷을 걸 만한 고리도 없었다. 여태까지 다녀 본 호스텔 중 최악이었다. 페인트가 흘러내리는 괴상한 벽 옆에서 잠들면 우울증이 걸릴 듯했다. 이런 곳을 내가 예약했기에 영진이와 영헌이에게 미안한 마음이 많이 들었다.

　셋이서 한바탕 욕을 하고, 배가 너무 고파 밖으로 나왔다. '오는 길에 보니 인적도 없고 다운타운이 통째로 컴컴했는데 뭐가 있긴 한 걸까?' 한참을 돌고 돌다 '서브웨이(Subway)' 가게로 갔다. 여기까지 와서 서브웨이 샌드위치를 먹고 싶지는 않았지만 달리 열려 있는 가게

가 없었다. '추수감사절이라 다들 가족과 시간을 보내는가 보다.'

문득 재미있는 아이디어가 머리를 스쳤다. 종업원에게 외모 평가를 부탁해서(누가 제일 잘생겼는지, 누가 제일 못생겼는지) 제일 못생긴 사람이 간식을 사기로. 당연히 나는 아니겠거니 했지만 내가 꼴찌다. 그 종업원은 멕시코인 아주머니였는데 아무리 봐도 취향이 독특하신 듯하다.

:: 시애틀의 해안가를 돌아다녀 봅시다! ::

다음 날 아침, 영진이는 일찍 일어나 혼자 산책하러 가고, 나는 영헌이와 함께 조식을 먹으러 갔다. 시리얼과 토스트, 상큼한 오렌지 주스를 기대했지만, 설탕(sugar) 없는 시리얼과 토스트뿐이었다. 먹으면서 목이 말랐지만 주스가 없다. '내 오렌지 주스….' 영헌이와 함께 실망스런 표정을 짓고 있는데, 내 앞에 있는 외국인도 똑같은 표정이었다.

“Are you looking for orange juice?”

“Yeah, I really want that.”

말 한마디 튼 김에 아침도 같이 먹었다. 이름은 다니엘(Daniel). 영국에서 일하고 있으나 친구의 결혼식 때문에 시애틀에 왔다고 했다. 비행기까지 타고 결혼식에 오다니, 대단한 우정인 듯하다.

곧 영진이가 돌아왔고 우리는 본격적으로 시애틀을 둘러보았다. 전날 밤, 오전에는 여기를 가고, 오후에는 저기에 가자고 계획을 세웠지만, 계획은 계획일 뿐. 다운타운 근처에 있는 선착장을 먼저 둘

낯선 곳이 나를 부를 때

러보며 계획에 없던 크루즈(cruise: 유람선)를 타기로 했다. 출발하기 전, 호스텔 직원에게 맛집을 물어보았다. 시애틀 하면 클램 차우더 (clam chowder)!

"Hi. We wanna take a clam chowder. Could you recommend to us where is the best?(안녕하세요. 클램 차우더를 먹고 싶은데요. 어디가 제일 좋은지 추천해 주실 수 있나요?)"

"Oh, good idea. See below this map. On the side beach, there is Ivars. That is the best.(오, 좋은 생각이에요. 아래의 지도를 보세요. 바닷가 옆에 Ivar라는 곳이 있는데, 그곳이 최고랍니다.)"

나는 어디론가 다른 지역을 가면, 그 지역에 사는 사람에게 맛집 정보를 물어보곤 한다. 인터넷에 나와 있는 곳보다 실제 그 지역 사람들이 가는 곳. 그렇게 해서 찾아간 곳은 대부분 나를 실망시키지 않았다.

해안가를 따라 걸었다. 거리가 굉장히 예뻤다. 새로 지은 건물도 있고 낡은 건물도 있었다. 중간중간 공사 중인 곳이 많았지만 그럼에도 불구하고, 이 세 가지가 어우러져 아름다운 분위기를 선사했다. 참고로 시애틀은 세계에서 가장 '교과서적인 발전'을 한 도시이고 그 발전은 아직도 진행 중이다. 시애틀의 다운타운 옆에 있는 바다 근처에는 2층의 고가도로가 있다. 고가도로 주변에는 밝은 색의 건물이 있고 또 많은 사람들이 지나다니고 있었지만, 그 고가도로는 어두컴컴하고 낡아 보였다. 하지만 나는 그 고가도로가 참 예뻤다.

낚시하는 사람, 산책하는 사람, 관광객 등 거리에는 활기가 넘쳤다. 해안에는 크루즈를 운항하는 몇몇 회사들이 있었다. 그중 하나

■ 바닷가 옆. 앞에 고가도로가 보인다.　　　　　　■ 시애틀의 다운타운

를 골라 점심시간 때의 크루즈를 예약하였다. 일반 티켓이 아닌 '시애틀 시티 패스(Seattle City Pass)'를 샀다. 가격은 79달러로 조금 비싸다. 크루즈와 전시회장, 전망대인 스페이스 니들(Space Needle) 등 몇 군데를 이 티켓으로 한 번에 다닐 수 있다. 나중에서야 알게 된 사실이지만 이 모든 것을 살펴볼 사람이라면 시티 패스 티켓이 좋지만 스페이스 니들과 전시회장 한두 군데만 둘러볼 예정이라면 각각 일반 티켓으로 사는 것이 훨씬 경제적이다.

크루즈 티켓을 잡아 놓고 거리를 좀 더 걸었다. 목적지 없이 그냥 골목길을 걸었다. 따뜻한 햇살을 받은 예쁜 거리에 우리는 금방 카메라를 꺼내어 셔터를 누르기에 바빴다. 하지만 그 풍경에서 옆으로 살짝만 고개를 돌리면 건물과 건물 사이, 어두컴컴한 뒷골목이 보였다. 쓰레기 냄새가 많이 났고, 그 골목 안으로 조금만 걸어 들어가면 누군가 와서 칼을 들이대며 돈을 달라고 할 것 같았다. 눈으로 직접 보게 되는 번화가의 양면성이었다. 무서운 느낌이 들어 골목 안으로는 차마 들어가 보지 못하고, 우리는 그 뒷골목 앞에서 쪼그리고 앉아 갱

　　　　　　　　　　　　　낯선 곳이 나를 부를 때

▌ 음침한 뒷골목

▌ 크루즈에서 바라본 시애틀

(gang) 흉내를 내 보았다. 눈을 희번덕거리며….

크루즈를 타기 위해 돌아오는 길, 포장마차 형식의 핫도그 가게를 보았다. 독일 핫도그, 노르웨이 핫도그, 헝가리 핫도그 등 유럽식 핫도그를 파는 듯했다. 독일 핫도그에 대해 호감이 있어서 나는 고민하지 않고 독일 핫도그를 선택했다. 결과는 굵고 긴, 입안에서 톡톡 터지는 맛있는 핫도그. 친구들은 이름 모를 핫도그를 선택했다. 가늘고 긴 냉동식품 맛의 핫도그. '핫도그는 역시 독일이지!'

크루즈는 2층으로 되어 있었고, 실내와 실외가 있었다. 날씨는 춥지만, 비싼 돈 주고 타는데 조금이라도 더 바깥 풍경을 보고 싶었다. 크루즈는 우리가 타자마자 곧 출발했고, 크루즈 내부에서 나오는 방송을 통해 시애틀의 역사에 대한 설명을 들을 수 있었다.

:: 크루즈를 타면서 만난 시애틀의 해안 풍경 ::

부두에서 멀어지니, 시애틀의 다운타운이 한눈에 보이기 시작했다. 건물 사이사이로 보이는 타워크레인들과 높은 빌딩들, 그리고 해안가로 늘어선 부두와 도로들. 사실 이와 같은 것들은 어느 해안 도시에서나 볼 수 있는 풍경이다. 그럼에도 불구하고 참 예뻤다. '시애틀'이라는 이름값을 하는 것 같다.

하지만 솔직히 우리는 시티 패스 티켓에 포함되어 있었기 때문에 타게 된 것이지, 크루즈를 꼭 타야 할 필요성은 못 느꼈다. 예쁜 해안 풍경이야 다른 곳에서도 충분히 볼 수 있으니 말이다. 크루즈를 타고 한 바퀴를 돌면서 수리 중인 군함도 보고, 영화 「시애틀의 잠 못 이루는 밤」을 찍은 장소도 지나쳤다. 아직 못 봤지만 나중에 그 영화에서 지금 내가 본 풍경들이 나오는 것을 보게 된다면 굉장히 반가울 듯하다.

약 1시간 30분간의 크루즈 탑승을 마치고, 호스텔 직원이 추천해 준 맛집으로 갔다. 우리가 탄 부두 근처에 있었다. 이름은 'Ivar's Fish Bar'. 우리가 도착했을 당시에는 사람이 별로 없었다. 하지만 여기가 진짜 맛집인가 싶어 우리가 기웃기웃하는 사이, 순식간에 사람들이 많아졌고 그것을 보고 우리도 서둘러 줄을 섰다.

우리가 시킨 메뉴는 '할리벗 피쉬 앤 칩스(Halibut fish and chips)'와 '차우더(chowder)' 종류들이었다. 차우더의 종류에는 화이트 차우더(White chowder), 레드 차우더(Red chowder), 연어 차우더(Salmon chowder)가 있었다. 우리는 종류별로 다 시켰다. '할리벗(Halibut)'은 넙치, 가자미류의 생선인데 이를 튀겨서 만든 순살튀김과 감자튀김이 같이 나왔다. 화이트 차우더는 흔히 먹을 수 있는 조개 수프였고, 레드 차우더와 연어 차우더는 여기서 처음 맛보았다.

처음 맛보는 차우더에 대해 기대를 하고 크게 한입 떠서 먹어 보았

낯선 곳이 나를 부를 때

지만 맛이 없다. 연어 차우더는 이름만 들으면 굉장히 맛있어 보이나
향신료가 너무 강해 거부감이 들었다. 레드 차우더는 쿰쿰하다고 해
야 하나. 여하튼 맛이 이상하다. 적어도 내 입맛은 아니었다.

그런데 사람 입맛은 모두 비슷한 듯, 영헌이와 영진이도 화이트 차
우더만 먹는다. '내일 또 와서 화이트 차우더만 한 번 더 먹어야지.'
다른 두 차우더는 맛이 없었지만 그래도 안 먹어 봤으면 후회할 듯하
다. 맛없는 것도 먹어 봐야 맛없는 줄 알기에…. 만약 이곳에 온다면
내가 맛이 없었다 하여 안 먹지 말고 작은 사이즈도 있으니 한번 맛보
는 걸 추천한다.

이렇게 배를 가득 채우고 퍼블릭 마켓 센터로 향했다. 어젯밤에는
사람이 없어 잠시 들렀다 지나칠 수밖에 없었지만 평소의 활기찬 모

습도 보고 싶었다. 스타벅스 1호점을 비롯하여 중고 서점, 길거리 음식점, 과일 가게, 생선 가게 등을 구경하며 한 바퀴를 돌고 나니 많이 피곤했다.

:: 유리 공예 전시, 치훌리 가든 앤 글래스 ::

숙소에 들러 약간의 휴식을 취한 후, 다시 길을 나섰다. 시티 패스 티켓의 여행지 목록 중에서 치훌리 가든 앤 글래스(Chihuly Garden and Glass)와 스페이스 니들(Space Needle)이 있었다. 치훌리 가든 앤 글래스가 저녁 일찍 문을 닫는다 하여 그곳부터 갔다. 사람들이 티켓을 사려고 길게 줄을 서 있었지만 우리는 시티 패스 티켓을 가지고 있어서인지, 왠지 모를 우월감을 느끼며 입구로 들어섰다.

　　　　　　　　　　　　　　　　　　낯선 곳이 나를 부를 때

▌유리공예

치훌리 가든 앤 글래스는 시티 패스 티켓에 포함되어 있으니까 가
게 된 곳이었지, 그렇지 않았다면 있는지조차 몰랐을 것이다. 관심이
없었으므로 어떤 곳인지에 대한 정보가 전혀 없었다. 티켓에 'Glass'
가 적혀 있었지만, 그것이 다였다. 그런데 입구에 들어서는 순간, 화
려한 색깔과 아름다운 곡선을 가진 유리 공예품들이 눈에 들어왔다.
조명과 함께 찬란한 빛을 발하고 있는 공예품들을 보며 '오!'를 외치면
서 휴대폰 카메라를 여기저기에 들이댔다. 대강 찍어도 아주 예쁘게
나왔다. 돈 많은 갑부가 와서 보면 이 공예품들을 모두 사서 집에 들
일지도 모르겠다.

:: 시애틀의 랜드마크, 스페이스 니들 ::

치훌리 가든을 나와 옆에 있는 스페이스 니들로 갔다. 시애틀의 랜드마크(land mark)인 만큼 많은 사람들이 줄을 서 있었다. 시티 패스 티켓이 있는 사람은 무인 티켓 발권기 앞에 줄을 서서 원하는 시간을 정하고 바코드를 찍으면 티켓을 받을 수 있다. 그리고 정한 시간의 약 15분 전쯤에 스페이스 니들로 올라가는 곳에 가서 줄을 서면 된다.

우리는 사람들도 많고, 복잡하기도 해서 "야, 여기 맞나? 저기 아이가?" 하며 서성거리다 힘겹게 티켓을 발권했다. 그보다도, 티켓에 적혀 있는 예약 시간이 우리를 더 혼란스럽게 만들었다. 입구에서 시작되는 긴 줄 뒤에 엘리베이터가 있기에 예약한 시간에 맞춰 입구로 와야 하는지 아니면 미리 줄을 서서 엘리베이터 앞에 가 있어야 하는지….

"Excuse me. We appointed this ticket for 8:00 PM. But we are not sure if we have to come back here at 8:00 PM or more early.(실례합니다. 우리는 이 티켓에서 시간을 오후 8시로 정했어요. 그런데 우리가 여기에 8시까지 와야 할지 아니면 좀 더 일찍 와야 할지 확신이 안 서네요.)"

"You can come back here little early.(약간 일찍 오시면 돼요.)"

직원에게서 간단한 답을 얻은 후 남아 있는 시간 동안 다른 곳에 갔다 오기로 했다. 문 닫기 전에 급하게 치훌리 가든 앤 글래스부터 본다고 이 주위를 찬찬히 살펴보지 못했다. 간단히 돌아보았더니 아시아인이 운영하는 핫도그 가게, 인디언 분장을 하고 노래와 악기 연주

낯선 곳이 나를 부를 때

를 하는 사람들, 기념품을 파는 작은 노점도 보였다.

큰 건물 안으로 들어갔더니 푸드코트(food court)도 나왔다. 규모가 '장난이 아닌' 장난감 열차들이 돌아다니고 있었고 바비큐, 햄버거, 피자 등을 파는 여러 음식점들이 있었는데, 하나하나 전부 다 맛있어 보였다. 바로 사 먹을까 고민하다가 배가 좀 더 고프면 먹기로 하고 캐리 파크(Kerry Park)로 가기로 마음을 모았다.

❘ 스페이스 니들

:: 캐리 파크에서 바라본 시애틀의 야경 ::

캐리 파크는 원래 사유지였으나 그곳에서 바라보는 시애틀의 경관이 워낙 아름다워 땅 주인이 무료로 개방한 곳이다. 미국에서 '파크(Park)'라 하면 보통 엄청나게 큰 곳을 말하지만, 이곳은 아주 규모가 작다. 직사각형 모양으로 생겼고, 길이는 약 150~200m 정도이다. 여기서는 걸어서 한 25~30분 정도 거리.

캐리 파크로 출발하려는데 또 비가 온다. 그래도 아직은 맞을 만한 비다. 비가 어제만큼 많이 오지 않았으면 좋겠다는 마음으로 구글 지도를 보며 골목 구석구석으로 걸어갔다. 점점 관광객들이 줄어들고 유명한 프랜차이즈점 대신 로컬 음식점들이 나왔다. 그런데 길을 지나가다가 기가 막힌 냄새가 코로 스며들어왔다. '오! 이거 무슨 냄새지?' 소고기를 숯불에다 굽는 냄새인 듯했다. 바로 옆에 'Dicks'라는 간판이 보이는 햄버거 가게가 있었다. '패티를 숯불에다가 굽나?' 먹든 말든 일단 캐리 파크부터 갔다가 다시 오기로 하고 좀 걷다 보니 경사가 가파른 오르막이 나왔다. 오르막을 올라가서 골목 한두 개를 지나고 나니 목적지에 도착했다.

비가 오고 있었고 골목이 캄캄했지만, 꽤 많은 사람들이 비를 맞으며 시애틀의 야경을 보고 있었다. 오! 전망이 좋다. 예뻤다. 친구가 가자고 해서 영문도 모른 채 따라왔지만, 시간 투자해서 올 만한 가치가 있었다.

시애틀의 다운타운과 바다, 이 모두가 함께 보였다. 흰 불빛, 주황 불빛, 크고 작은 빌딩과 바다. 조명으로 밝게 빛나는 부분들과 빛을 받지 못해 어두운 부분들이 함께 눈에 담겼다. 이 야경을 혼자 보긴 아까웠다. 휴대폰 카메라로 몇 장을 찍어 보았지만 눈으로 보는 것과 똑같이 찍히지는 않아 아쉬운 마음이 들었다.

예약해 둔 스페이스 니들로 다시 돌아가는 길에 들른 Dicks. 다시 맡아도 냄새가 기가 막힌다. 냉큼 가서 햄버거를 시켰다. 돈을 절약하기 위해 콜라는 하나만 시켜서 리필(refill)하기로 의견을 모았는데, 콜라가 리필이 안 된다고 한다. 조금 실망했지만 '잉? 그래, 뭐 그럴 수도 있지.' 하며 햄버거를 받아서 자리에 앉았다. 그런데 햄버거 사이즈(size)가 너무 작다. 맛도 그저 그렇다. 맛이 아예 없는 건 아니지만 인 앤 아웃 버거(In-N-Out Burger)가 훨씬 맛있다. 냄새에 이끌려

캐리 파크에서 본 시애틀 전경

가게에 들어왔지만 잘못된 선택인 듯하다. 주변을 둘러보니 음식점인데 바닥도 더럽고 테이블도 안 닦는 듯하다. '에잇.'

:: 스페이스 니들에서 바라본 시애틀의 밤 ::

갈 때는 꽤 오랜 시간이 걸린 듯했지만 돌아올 때는 금방이었다. 스페이스 니들로 올라가는 입구에서 줄을 섰다. 엘리베이터를 타는 길은 나선형으로 되어 있었고 그 줄은 벽을 따라 이어져 있었다.

벽에는 스페이스 니들의 역사가 사진과 글로 설명되어 있었다. 1962년에 지어졌으며 높이는 180m, 또한 진도 9.5의 지진에도 견딜 수 있게 설계되어 있다고 한다. 줄을 서서 차례를 기다리는 동안에 중간중간 검표를 두 번이나 더 하였다.

엘리베이터는 굉장히 빨리 올라갔다. 고막이 뻥 뚫리는 것을 느낄 수 있었다. 꼭대기의 중심에는 레스토랑과 잠시 쉬어 갈 수 있는 장소가 있었고, 문밖으로 나가면 360도의 원으로 둘린 야외 테라스가 있었다. 이곳에서 바다와 다운타운을 한눈에 볼 수 있었고, 반대쪽에서는 다운타운 반대편의 모습도 볼 수 있었다. 캐리 파크에서 보는 것과는 또 다른 느낌이었다.

온종일 부지런히 돌아다닌 것에 대해 뿌듯함을 느끼면서 숙소로 돌아갔다. "내일은 어디에 갈까?" 서로 이야기를 나누며….

:: 비 온다고 실망? 에이, 비가 와야 시애틀! ::

새벽 5시, 이른 아침에 눈을 떴다. 스타벅스 1호점에 가기 위해, 그리고 1호점에서만 살 수 있는 머그잔을 사기 위해. 스타벅스 1호점은 오픈한 지 30분만 지나도 사람들의 줄이 이어진다고 하였다. 줄 서서 기다리는 것이 싫어 누구보다 빨리 일어나 영헌이와 함께 숙소를 나섰다. 신선한 공기가 정신을 깨웠고 붉은빛의 아침 해가 나를 맞았다. 잔잔히 미스트(mist)를 뿌리듯 새벽 비도 내렸다. 일어날 땐 힘들었지만 맑은 공기가 그 괴로움을 모두 달아나게 해 주었다.

아침 일찍 나섰으나 이미 내 앞에는 몇 명의 사람들이 대기 중이었

▌잔잔한 비와 함께 동틀 무렵   ▌아메리카노를 들고

다. 부지런한 사람들…. 평소에 좋아하는 카페모카를 시키려다 원조 집에서 오리지널 커피를 마셔 보자 해서 아메리카노를 시켰다. 머그 잔은 매진이라 했다. 어제도 매진이었고 오늘도 매진이고…. 아메리카노는 쓰다. 주위의 여느 지점과 비교해 봐도 맛이 똑같다. 하지만 쌀쌀한 날씨에 따뜻한 커피 한 잔을 들고 다니니 멋쟁이가 된 듯했다.

오늘은 이 더럽고 불쾌한 호스텔의 체크아웃 날이다. 여행 마지막 날은 조금 비싸더라도 편하게 호텔에서 자자며 호스텔은 이틀만 예약했는데 결국 이곳을 떠나 호텔에서 자게 되니 이렇게 기쁠 수가 없다.

호텔 입성(?)에 앞서 첫 목적지는 워싱턴 대학교. 시애틀 다운타운 북쪽의 그리 멀지 않은 곳에 있다. 인턴으로 근무 중인 회사 근처에 있는, 하나의 작은 도시 같은 샌디에이고 캘리포니아 주립대학교를 보며 참 예쁘고 이런 곳이라면 누구나 공부할 맛이 나겠다는 생각이 들었다. 그래서 시애틀에 자리 잡고 있는 워싱턴 대학교는 어떤 느낌일까 궁금했다. 걸어갈 수는 있지만 시간이 꽤 걸릴 듯해서 우버 (Uber)를 타기로 의견을 모았다.

워싱턴 대학교의 건물들은 꽤 고풍스럽고 클래식(classic)했으며, 중세 시대 유럽의 성을 연상시키기도 했다. 미국답게 캠퍼스가 매우 컸다. 커다란 분수대, 서로 멀찍이 떨어진 건물들, 사이사이 위치한 잔디밭과 나무들이 보였고 학교가 아닌 쉼터 같았다.

한번 쓱 둘러보고 나니 마땅히 할 일이 없다. 연휴라 사람도 없고, 오늘도 어김없이 비가 약하게 내린다. 학교 근처에는 맛있는 음식을 파는 가게가 많으니 밥을 먹고 이동하기로 했다. 미국 지역 정보 검색 사이트인 옐프닷컴(www.yelp.com)을 뒤져 찾은 것은 한 그리스 음식점. 한국의 동네 분식집처럼 규모가 매우 작았다. 나는 케밥을, 친구들은 밥에 고기가 올려져 있는 음식을 시켰는데, 케밥을 제외하고는 아주 별로였다. 그래도 내가 시킨 케밥은 맛있었으니 만족한다.

:: 위기에 대처하는 미국인들의 자세 ::

비싸게 주고 산 시티 패스 티켓, 아직 MoPOP(The Museum of Pop Culture) 티켓이 남아 있다. 많이 끌리지는 않았지만 티켓 값이 아까워, 스페이스 니들 옆에 위치해 있는 그곳으로 향했다. 유명한 밴드들의 사진이 전시되어 있었고 기타로 만든 공예품과 밴드 무대가 갖춰진 곳에서 연주도 해 볼 수 있었다. 그런데 그것이 전부였다. 사실 건물 입구에 들어서면서부터 '여기가 뭐 하는 곳일까?' 했는데 여기저기를 둘러보면서도 끊임없이 그 궁금증은 풀리지 않았다. 글을 쓰는 지금도 문득 궁금하여 인터넷에 찾아보았으나 어떤 곳인지 잘 모르겠다.

들어오긴 들어왔는데 '그냥 나갈까?' 싶기도 하고 '이왕 온 거, 다 둘러볼까?' 하고 고민하는 중에 갑자기 화재경보기가 울렸다. 한국처럼 요란한 소리는 나지 않고 건물에 있는 화면이 모두 적색으로 바뀌면서 'Warning!'이라는 경고 문구가 떴다. 긴급한 상황과는 어울리지 않게 녹음된 남자 목소리가 매우 차분하게 들렸다.

"A fire has been reported in the building. Please proceed to the nearest exit and leave the building!(화재가 발생했으니 침착하게 건물을 나가세요!)"

친절함은 온데간데없이 박물관 직원들 모두 카랑카랑하고 절도 있는 목소리로 사람들을 대피시켰다. 관람객들은 크게 놀라는 눈치 없이, 자연스럽게 행동하고 서로 이야기하며 건물을 빠져나갔다.

당시 건물에는 꽤 많은 사람들이 있었으나, 사람들이 다 빠져나가는 데는 3분 정도밖에 걸리지 않았다. 건물 밖으로 나가니 소방차가 오고 있었다. 사람들, 직원들, 소방관들이 일사천리로 움직였다. 위기 상황에 대한 놀라울 정도로 빠르고 침착한 대응에 입이 떡 벌어졌다. 우리나라에서는 화재경보기가 울려도 오작동이겠거니 하며 눈도 깜박 안 하는데, 그저 신기할 따름이었고 덕분에 유익한 경험이 됐다.

:: '세계 100대 건축물' 시애틀 공공도서관 ::

다운타운 중심에 있는 쉐라톤 시애틀 호텔(Sheraton Seattle Hotel)로 향했다. 돈을 아끼기 위해 인원을 2명이라 말하고 침대가 2개인 방을 예약했다. 미국 호텔에서는 보통 1인이 더해질 때마다 40달러씩 요금이 추가된다. 역시 호텔은 호텔이다. 침대에 눕는 순간 잠이 마구 쏟아진다. 그동안 워낙 안 좋은 호스텔에 묵어서 호텔이 더 편안하게 느껴진 것인지도 모르겠다.

조금 누워 있다가 밖으로 나와 호텔 근처에 있는 시애틀 공공도서관으로 향했다. 세계 100대 건축물에 포함된다는 도서관이라 하였다. 오! 도서관이 아닌 유명 박물관 같았다.

건물 전면이 유리이며 실내 디자인도 여느 도서관과 달리 현대적이고 아름다웠다. 건물 외곽 유리 옆에는 테이블과 책상이 놓여 있어 따뜻한 채광을 받으며 독서를 할 수 있게 설계되어 있었다. 건물 꼭대기 역시 비슷하게 되어 있었고 난간 너머 1층까지 훤히 내려다볼 수 있었다. 꽤 높아 아찔하였고, 고소공포증이 있는 사람은 난간 근처에도 못 갈 듯하다.

　　　　　　　　　　　　　　낯선 곳이 나를 부를 때

▌시애틀 공공도서관   ▌시애틀 공공도서관 내부

　수십 년 전 양피지로 제작된 책은 물론 가죽 표지로 만들어진 100년 넘은 책도 일반인에게 개방되어 있었다. 100년 된 책에 자연스럽게 관심이 쏠렸다. 조심히 펼쳐 보니 100년 전의 시애틀 인구 조사도, 지도 등이 수록되어 있었다. 특유의 양피지 종이 냄새가 손에 묻어났다. 아름다운 도서관에서 잠시나마 책을 읽어 보고 싶었으나 마감 시간이 다 되어 아쉬운 발걸음을 돌렸다.

　이제 저녁 시간이다. 다른 것도 있지만 클램 차우더를 한 번 더 먹고 싶었다. 지난번에는 처음이니 이것저것 시켰지만, 이번에는 제일 맛있는 것으로 하나 시키고, 파네(pané)도 추가하였다. '비도 오는데 호텔에서 편하게 먹어야지.' 하는 마음에 포장 주문을 하고, '행여나 내 클램 차우더가 비바람에 식을까' 걱정되어 품에 꼭 안고 호텔로 돌아갔다. 맛있다! 두 번 먹어도 맛있다. 쌀쌀한 날씨에 뜨끈한 국물이 있으니 최고다.

　'시애틀 클럽 한번 가 볼까?' 근처에 관광객들이 많이 가는 클럽이 있다고 해서 갔더니 주말이라 사람들이 꽤 많았다. 흥겨운 음악에 맞춰 몸을 좀 적당히 흔들다가 다시 호텔로 돌아왔다.

:: 두 번 가라! 스타벅스 리저브 ::

어제 내가 혼자 도서관에 간 사이, 영헌이와 영진이는 스타벅스 리저브(Starbucks reserve)에 다녀왔다고 한다. 스타벅스 원두를 직접 내리는 곳인데, 일반인에게 개방하는 곳은 전 세계에서 시애틀에 여기 한 곳뿐이다. 분위기와 인테리어가 스타벅스 1호점과는 비교도 안 될 정도로 좋다기에 나도 들렀다.

호텔에서는 걸어서 약 5분 거리. 매장은 따뜻한 분위기와 함께 사람들로 북적이고 있었다. 한 곳에서는 스타벅스 기념품도 팔고 있었는데 기념품을 둘러보는 사람들, 앉아서 커피 마시는 사람들, 원두 내리는 것을 구경하는 사람들, 매장 구석구석을 살펴보는 사람들…. 나도 여기까지 왔으니 그냥 갈 수 없어 커피 한 잔을 시켰다. 여느 매장처럼 아메리카노, 카페라테 같은 커피 대신 '오늘의 커피'와 이름조차 생소한, 특이한 메뉴들이 있었다.

커피에 대해 잘 모르는 나는 메뉴 선택하는 것이 너무 어려웠다. 그래서 매장 중간 지점에서 메뉴판을 주고 있는 직원에게 물어보았다.

"Excuse me. Could you recommend to me which is the best?(실례합니다. 어떤 게 제일 좋은지 제게 추천해 주시겠어요?)"

"Umm, What kind of flavor do you like?(음, 어떤 맛을 좋아하시나요?)"

직원의 대답을 듣고 보니 너무 생각 없이 말한 듯했다. 쓴 커피, 달

┃ 스타벅스 리저브 내부

콤한 커피, 부드러운 커피 등 종류가 얼마나 많은데….

"I prefer something to sweet.(저는 달콤한 게 좋아요.)"

"Then, how about this one? Added apple, allspice and vanilla. This is little sweet so preferred by many people.(그럼 이건 어떠세요? 사과, 올스파이스, 바닐라를 첨가한 커피입니다. 조금 달아서 많은 사람들이 선호해요.)"

직원이 추천한 커피는 '니카라과 마라카투라(Nicaragua Maracaturra)'라는 이름의 커피였다. 사과, 바닐라 등이 들어가 있다고 하니 맛있어 보여 그것으로 주문하였다. 가격은 다른 스타벅스 매장과 비교해 볼 때 약간 더 비싸나 크게 차이가 나지는 않았다.

한입 먹어 보니 '이게 뭐지?' 싶었다. 그냥 일반 아메리카노와 맛이 똑같았다. '잘못 주문된 게 아닌가?' 해서 다시 물어보니 '니카라과 마라카투라'가 맞다고 했다. '뭐지? 내 혀가 둔해서 그런가….'

계속 마시다 보니 끝 맛에 약간 사과 향이 나는 것 같기도 하다. 처음에는 너무 뜨거워서 맛을 제대로 못 느낀 것이었다. 매장을 나오면서 사람들이 시킨 걸 보니 예쁜 머그잔에 담긴 특이한 색깔의 커피 위에 처음 보는 가루 같은 것도 뿌려져 있고 신기한 것이 많았다. 뭘 알아야 맛있는 것도 제대로 즐길 수 있는 법. 여하튼 다음에도 또 오고 싶은 스타벅스 리저브 매장이었다.

:: 앗! 수화물 검색대에 딱 걸린 맥주 ::

슬슬 비행기를 타고 집으로 돌아가야 할 시간이 되었다. 그저 먹고 놀아서 그런지 3박 4일이 빨리 지나간다. 영헌이는 밤 비행기라 더 있다가 가는 것으로 하고 영진이와 나는 다시 링크(Link)를 타고 공항으로 향했다.

여유 있게 출발한 것 같았으나 시간이 부족한 듯하다. 링크에서 내리자마자 가방을 메고 뛰기 시작했다. 익숙하지 않은 공항이라 어디로 가야 할지도 모르겠다. 바로 보이는 직원에게 우리 항공사가 어디에 있는지 물어보았다. 공항 저 끝에 있단다.

하필 이럴 때 끝에 있다. 한참 동안 뛰고 나니 우리 항공편인 스피릿(Spirit) 항공사가 보였다. 다른 사람은 아무도 없고 직원 1명만 있었다. '제발 티케팅(ticketing)이 끝나지 않았길….' 직원에게 물어보니 다행히 아직 안 늦었다고 했다. 허겁지겁 티케팅을 하고 검색대를 통과했다. 그런데 이 와중에 영진이 가방이 수화물 검색대에 걸렸다. '뭐 때문에 걸린 걸까?' 체크하는 직원이 인상을 찌푸리며 동료 직원과 이야기를 나눈다.

"What is that? beer? beer!?(그게 뭐야? 맥주? 맥주라고!?)"

어젯밤에 호텔에서 먹고 남은 맥주가 아까워서 일단 가방에 쑤셔 넣었는데, 생각지도 못하고 있었던 것이었다. 맥주는 반입이 안 된다고 직원이 쌀쌀맞게 말했다.

"Sure.(물론이죠.)"

그래도 검색대를 지나고 나니 마음이 좀 놓였다. 게이트를 찾아 무사히 비행기에 올랐다.

밴쿠버

해변과 공원, 그리고 다운타운.
지극히 평범한 도시이지만 근처에 있는 휘슬러는,
절대 평범하지 않을 추억을 안겨 줄 수도 있다.

:: 비행기 탈 땐 게이트와 편명을 반드시 확인합시다! ::

새벽 4시 30분. 일어나자마자 씻고, 영진이를 깨워 공항까지 태워 달라고 부탁하였다. 내가 탈 비행기는 LA를 거쳐 밴쿠버(Vancouver)로 간다. 비가 와서 그런지 비행기는 약간 지연되었다. 게이트에서 비행기 출발 시각만 확인하고 편명은 따로 확인하지 않은 채 쉬고 있었다.

그런데 출발 시각이 다 되어도 일부 사람들만 게이트에 줄을 서고 있었고 비행기가 출발할 기미는 보이지 않았다. 'LA에서 경유 시간이 1시간 30분이라 너무 지체하면 비행기를 놓치는데….'

게이트에서 검표하는 직원에게 항공기가 지연되어 다음 비행기를

낯선 곳이 나를 부를 때

놓치면 어떻게 되느냐고 물어보러 갔더니 웬걸, 뒤로 가서 줄을 서란
다. 알고 보니 한참 전부터 있었던 그 줄이 비행기 탑승을 위한 줄이
아닌 새로운 비행기 티켓을 끊기 위해 서 있던 줄이었다. 방금 비행기
재예약(rebooking)이 끝난 사람에게 뛰어가서 물어보았다.

"That line is waiting for rebooking?(저 줄이 다시 예약하려고 기다
리고 있는 줄인가요?)"

"Yes. I'm going to LA, but the aircraft was delay…. Where are
you going?(네. 저는 LA로 가는데 비행기가 연착돼서…. 어디로 가시나요?)"

"Actually I go to Vancouver. But I have one stop at LA.(저는 밴
쿠버에 갑니다. 하지만 LA를 경유해서 가요.)"

"Can I see your ticket?(티켓 좀 보여 주시겠어요?)"

그런데 내 비행기 티켓을 확인한 후에 그 사람은 이 게이트는 내
비행기의 게이트가 아니라고 했다. '게이트가 다르다니. 그럴 리
가?' 나는 황당했다. '분명 같은 시간, 게이트인데 비행기 편명이 다
르다니….' 다시 티켓을 자세히 보았다. 그랬더니 게이트 넘버(gate
number: 탑승구 번호) 밑에 작은 문구가 하나 있는 게 아닌가.

'Gates may changed. Check airport monitors.(게이트가 바뀔 수도
있습니다. 공항 모니터를 확인하세요.)'

'아……' 급하게 옆 게이트의 직원에게 갔다. 말을 걸려고 하던 찰
나, 게이트 옆 전광판에 내 비행기 편명이 보였다. 아! 이 비행기가
내가 탈 비행기가 맞는지 직원에게 물어본 후 서둘러 탑승했다.

내가 모르는 사이 게이트는 바뀌었고, 바뀐 게이트가 하필 목적지

와 출발 시각이 같은 비행기의 게이트였고, 급한 마음에 직원에게 물어보기 위해 바로 옆 게이트로 갔더니 내가 탈 비행기가 그곳에 있고, 그 비행기는 지연된 지 한참 되었는데도 출발을 안 하고 나를 기다리고 있었고…. 참 행운인지 불운인지 모를 경험이었다.

드디어 LA 도착. 서둘러 내렸다. 간만에 시간을 내어 멀리 가는데 비행기를 놓쳐 시간을 허비할 여유가 없었다. 내리자마자 근처의 직원에게 물었다.

"My boarding pass has not gate number. May I know that?(제 비행기 티켓에는 게이트 넘버가 없습니다. 제가 어떻게 알 수 있을까요?)"

직원은 웃으면서 옆 게이트를 가리켰다. 밴쿠버로 향하는 비행기는 국제선이라 터미널이 다를 줄 알았는데 바로 옆 게이트였다. 놓칠 것만 같았던 비행기도 지연되었다. 다른 공항에서 오는 비행기가 연착되어 이 비행기도 지연되었다고 한다. 밴쿠버에서 마중 나오기로 한 학교 후배에게 '이제 출발한다!'고 말하고 편안한 마음으로 비행기에 올랐다.

밴쿠버 국제공항은 공항 안에 시냇물이 흐르고 새소리가 들렸고 실제 바위도 옮겨 놓아 한층 더 자연과 어울리는 공간이었다. 공항 곳곳에는 토템(totem) 조형물도 보였다. 그리고 오랜만에 만난 한국어! 지구 반대편 공항에서 한국어로 된 안내문이 있었다. 오랜만에 한글을 봐서 그런지 조금 낯설었다. ETA(캐나다 전자여행허가)를 사전에 등록했기 때문에 입국 수속이 빠르게 진행되리라고 예상했으나 의외의 이유로 늦어졌다.

　　　　　　　　　　　　　낯선 곳이 나를 부를 때

입국 심사관은 나에게 여기에 무엇을 하러 왔는지, 얼마나 있을 것인지 등을 질문한 뒤, 어디에서 왔는지를 물었다. 나는 당연히 미국, 샌디에이고에서 왔다고 대답하였다. 그러자 심사관은 여권의 국가

▌밴쿠버 국제공항

와 출발지가 왜 다르냐고 하나하나 구체적으로 묻기 시작했다.

나는 미국에 잠시 머무르고 있으며, 국적은 한국이지만 업무상 일시적으로 미국, 샌디에이고에 있는 것이라고 자세히 설명했으나 심사관은 나를 의심 섞인 눈초리로 바라볼 뿐이었다. 불법 체류자가 워낙에 많으니…. 결국 심사관은 '다음부터는 심사 카드에 본인 국적의 주소를 적으라'고 하면서 나를 통과시켜 주었다. 별것 아닌 입국 심사에 많이 긴장했던 시간이었다.

:: 춥고도 따뜻한 밴쿠버의 거리 풍경 ::

이곳에서 어학연수를 하고 있는 학교 후배를 만났다. 2년 전 여름, 대학교 주최의 키르기스스탄 해외 봉사에서 인연을 쌓은 우리는 이처럼 먼 타국에서 서로 만나게 된 것에 대해 신기해 하며 인사를 나누었다.

우리는 곧바로 열차를 타고 다운타운으로 이동했다. 이 열차는 라인(Line)으로 불리며, 한국의 지하철과 같은 것으로 생각하면 된다.

▌밴쿠버의 첫 풍경 – 다운타운에서　　　　　　　　▌그랜빌 아일랜드 입구

하지만 열차가 꼭 지하로만 다니는 것은 아니다.

밴쿠버에 온 나의 첫 소감은 '춥다'였다. 따뜻한 도시 샌디에이고에 있다가 갑자기 추운 나라로 와서 그런지 너무 추웠다. 다운타운에 있는 호스텔에서 짐을 푼 후, 근처에 있는 그랜빌 아일랜드(Granville Island)로 향했다.

밴쿠버에서의 모든 여행 일정은 학교 후배에게 일임했다. 버스를 타고 몇 정거장 안 지나서 내렸다. 캄캄하고 인적은 드물었으나 통행량은 꽤 있었다. 조금 걸어가자 곧 그랜빌 아일랜드가 보였다. 그랜빌 아일랜드는 본래 공장들이 모여 있는 섬이었으나 시간이 지남에 따라 폐쇄되는 공장이 많아졌고 후에 관광지로 재개발된 곳이다.

잠시 후 시애틀과 비슷한 퍼블릭 마켓이 보였다. 마켓에 사람은 별로 없었지만 아직 열려 있는 가게들이 많았다. 간단하게 '피쉬 앤 칩스' 가게에서 오징어튀김과 감자튀김을 먹었다. 한국에 있을 때 집에서 제사상 위에 올라왔던 오징어튀김과 맛이 똑같았다. 가격은 13달러, 맛과 양에 비해서는 '착하지 않은' 가격이었다.

낯선 곳이 나를 부를 때

▌그랜빌 아일랜드에서 바라본 밴쿠버의 다운타운　　　　　　　▌다양한 종류의 스크럼핏

　가게에 들어가서는 창가에 자리를 잡았다. 강 너머로 다운타운이
한눈에 펼쳐졌다. '강처럼 보이지만 강이 아니고 바다겠지..?' 크루즈
를 타고 봤던 시애틀과 풍경이 비슷했다. 밤에 여기저기 불들이 켜져
서 그런지 매우 아름다웠다. 물에 비친 건물들의 모습들까지도….

　'피쉬 앤 칩스' 가게에서 나오는 길에 빵집(bakery)을 지나쳤다.
빵들이 줄지어 진열되어 있었는데 그중 특히 맛있어 보이는 머핀
(muffin) 비슷한 것이 있었다. 라즈베리, 블루베리, 치즈 등의 종류가
있었는데, 먹어 보니 겉은 바삭하고 안은 부드러웠다. 빵 이름이 뭐
냐고 주인에게 물어보니 스크럼핏(Scrumpet)이라고, 캐나다 전통 빵
이라고 한다.

　그랜빌 아일랜드에 현지인들이 즐겨 찾는 양조장 겸 펍(pub)이 있
다고 하여 그곳으로 갔다. 날씨가 추워서 어디든지 빨리 실내로 들어
가고 싶기도 했다. 여러 맥주를 조금씩 맛볼 수 있는 상품이 있어, 그
상품에서 7가지 맥주를 선택했다. 초콜릿 맛, 사과 맛, 버터 맛 등 평
소에 못 먹는 맛의 맥주들이 있었다. 쓸쓸해서 맛없는 것도 있었지만

대부분이 맛있었다.

　다시 다운타운으로 돌아가기 위해 버스를 기다렸으나 버스가 30분 뒤에 온다고 했다. 버스 기다리는 시간보다 걸어가는 시간이 더 빠를 것 같아 다운타운으로 걸어서 갔다. 그랜빌 아일랜드를 지나는 다리 위로 걸었는데 오는 길에서는 못 보았던 공장들을 다리 밑에서 볼 수 있었다. 공장 건물 기둥에 페인트로 그려진 알록달록한 그림들도 볼 수 있었고, 그림 때문에 삭막한 공장이 전혀 다른 분위기를 내는 듯했다.

　곧 크리스마스라 다운타운의 거리도 화려하게 꾸며져 있었고 트리도 곳곳에서 볼 수 있었다. 한국도 이맘때쯤 되면 크리스마스 분위기가 물씬 풍기는데, 한국과 비슷하지만 느낌이나 분위기는 이곳이 좀 더 따뜻했다. 마치 한국에서 추석이나 설날과 같은 대명절을 기다릴 때처럼 크리스마스를 앞둔 이곳 사람들과 거리의 풍경이 그러했다.

그렇게 다운타운 거리를 지나 우리는 엠파이어 랜드마크 호텔(Empire Landmark Hotel) 최상층 라운지(lounge)로 갔다. 칵테일 하나만 시키면 밴쿠버의 야경을 즐길 수 있는 곳이었다. 라운지의 메인 포인트는 음식이나 칵테일이 아닌 실내가 360도로 회전한다는 것이

▌ 밴쿠버의 다운타운
 – 크리스마스 트리

다. 360도로 모두 돌아가는 데 걸리는 시간은 약 1시간 30분. 그 시간 동안 칵테일을 마시며 밴쿠버 시내의 야경을 전방위로 볼 수 있었다. 조명도 어두컴컴해서 연인과 함께 오면 매우 좋을 듯했다. 이런 멋진 분위기와 풍경을 볼 수 있는데, 칵테일은 한 잔에 7달러에서 11달러 사이로 그야말로 '착한' 가격이었다.

내일은 꼭두새벽부터 준비해야 한다. 버스를 타고 스키장에 가기로 했기 때문이다. 많이 늦은 시각은 아니었지만, 내일을 위해서 오늘 일정을 마무리하기로 했다.

학교 후배는 현재 살고 있는 집으로 가고 나는 호스텔로 갔다. 역시나 유럽이나 동남아시아와 비교할 때 숙소의 질이 월등히 떨어졌지만, 시애틀에서 더 안 좋은 경험을 했기 때문인지 그런대로 만족했

다. 침대에 개인 스탠드(stand)도 있고 선반도 있어서 누워서 휴대폰 보기가 좋았다. 오늘 아침 일찍부터 강행군을 했으나 크게 피곤하지는 않았다. '그래도 내일을 위해 얼른 자야지.'

:: 세계 최고 스키장 '휘슬러'를 가다! ::

이른 새벽 5시 40분. 미리 맞춰 놓은 알람이 울리기도 전에 눈을 떴다. 오늘은 스키장 가는 날. 한국에서는 항상 인공 눈 위에서만 탔는데 천연 눈 위에서 타는 느낌은 어떨까.

밴쿠버에 오기 전, 학교 후배가 휘슬러(Whistler)에 가자고 했을 때, 사실 나는 휘슬러가 어떤 곳인지 몰랐다. 그저 '그 동네에서 좀 유명한 곳인가 보다.' 했는데, 알고 보니 밴쿠버 올림픽 경기가 열렸던 곳이었다. 또한 세계 스키장 순위에서 매년 1위, 2위를 다투는 곳이라 했다. 이 사실을 알고 난 후부터 어느새 휘슬러는 나의 밴쿠버 여행의 목적이 되었다.

어제 다운타운에서 미리 빌린 스키복을 입고 산타 모자를 챙겨 나왔다. 크리스마스에 쓰고 다니려고 월마트에서 산 산타 모자. 휘슬러에 가는 김에 멋을 좀 부려 보려고 가져왔다. 그런데 막상 모자를 쓰려고 하니 살짝 부끄러웠다.

함께 투어를 예약한 사람들이 버스로 모였고 칼같이 시간을 지켜 목적지를 향해 출발했다. 스키장에 가까이 갈수록 바깥 풍경부터 달라졌다. 호수와 산, 꼬불꼬불한 길, 거기에다 눈이 많이 와서 자연의 모든 것들이 온통 눈꽃을 달고 있었다.

▮ 휘슬러 스키장 - 곤돌라 타는 곳

버스에서 내려 숨을 크게 쉬었다. 찬바람이 기도를 타고 폐로 한가득 들어왔다. 오래간만에 느껴 보는 찬바람. 남들은 춥다고 손을 비볐지만 나는 이 추위마저 좋았다. 장비를 착용하고, 버스에서 받은 리프트 티켓(lift ticket)을 들고, 지도(map)를 받아 곤돌라(gondola)를 타러 갔다.

스키장은 두 개의 큰 산으로 이루어져 있었는데, 왼쪽 산은 '블랙콤', 오른쪽 산은 '휘슬러'라 하였다. 산이 통째로 슬로프(slope)이다. 꼭대기에서부터 내려오면 한참 걸린다는데, 아직은 실감을 못 하겠다. 중간중간 지도를 보고 내려와야 할 정도로 슬로프가 많고 또 길다고 하였다.

스키장은 개장 시간보다 약간 늦게 문을 열었다. 사람들은 곤돌라

┃ 라운드 하우스 - 올림픽 오륜기

를 타려고 줄을 길게 서 있었다. 미국, 유럽 등 세계 각지에서 온 사람들과 더불어 캐나다의 다른 주에서 온 것으로 보이는 사람들도 있었다. 꼭대기로 가서 타 보고 싶었으나 곤돌라가 꼭대기까지 한 번에 가지는 않았다. 도착한 곳은 정상 75% 정도 높이의 라운드 하우스(Round House). 정상까지 가려면 다른 코스(course)를 통해 리프트를 한 번 더 타야 했다.

곤돌라에서 내리니 큰 올림픽 오륜기가 보였다.[18] 오륜기를 지나서 보이는 이정표에는 색깔별로 난이도가 표시되어 있었다. 초급은 초록

---

18 스키장 곳곳에는 밴쿠버 올림픽 당시 엠블럼(emblem)이었던 이눅슈크(inukshuk)가 총 12개 있다. 그 이눅슈크들을 찾아다니며 스키를 타는 것도 좋은 방법이다.

낯선 곳이 나를 부를 때

색, 중급은 파란색, 고급은 검은색으로 되어 있었고, 검은색은 실제
로 절벽인 곳도 있고 눈 덮인 나무 위, 바위 위를 지나가는 곳도 있으
므로 아주 조심해야 한다. 우리는 검은색을 제외한 초록색과 파란색
코스를 찾아 스키를 타기 시작했다.

　설질(雪質: 눈의 성질)은 최고였다. 흰색과 함께 약간 푸른빛도 띠었
고, 푹신푹신하면서 기분 좋은 느낌이었다. 곤돌라 타는 입구에서는
사람이 많았지만 올라오고 나니 그 많던 사람들이 다 어디 갔나 싶었
다. 어떤 코스에는 우리밖에 없었다. 스키장을 전세 낸 것 같았다. 하
나의 코스를 내려가는 동안에도 갈림길이 몇 번이고 나왔다. 지도를 봐
가며 초 · 중급자 코스를 골라 갔지만 어느새 검은색 코스로 들어간 적
도 있었다. 60도가 넘는 경사에 온 신경을 곤두세우며 내려가야 했다.

▌슬로프 내려 가는 중

▌주의(Caution) 표지판

낯선 곳이 나를 부를 때

　내려가다 보면, 리프트가 몇 개 있다. 처음에 도착한 라운드 하우스로 가는 리프트도 있고 다른 코스로 연결해 주는 리프트도 있다. 지도를 보며 가고 싶은 코스가 있다면 리프트를 적극 활용하는 것이 좋을 듯하다.

　코스마다 풍경은 장관이었다. 마치 이 좋은 풍경을 감상하기 위해 스키 리조트를 만든 듯했다. 중간중간 위험해 보이는 코스도 있었다.

길은 좁고, 좁은 길옆으로는 까마득한 절벽이 있었다. 멋진 풍경과 짜릿한 스릴감. 하지만 자칫 잘못하여 스키가 꼬인다면 그 자리에서 바로 인생 하직(下直)이다. 항상 정신을 바짝 차리고 집중해야 했다.

슬슬 스키장 폐장 시간이 다 되어 간다. 활강(滑降)을 하며 서둘러 내려왔다. 아무리 빨리 달려도 슬로프가 끝이 나지 않는다. 한참 동안 계속 용써서 내려오다 보니 하체에 무리가 가기 시작했다. 한 번, 두

낯선 곳이 나를 부를 때

번, 턴(turn)을 할 때마다 통증이 느껴졌다.

하지만 좀처럼 끝나지 않는 슬로프. 조금이라도 더 타고 싶던 스키가 이제는 빨리 좀 끝났으면 좋겠다는 생각이 들었다. 분명 초록색인 코스였지만 급경사가 이어졌고 그 급경사는 곤돌라 바로 앞까지 이어졌다.

각자 일행을 기다리는 듯 사람들이 밑에서 삼삼오오 모여 있었다. 사람 많은 곳에서 멋있게 타려고 속도를 내며 달리기 시작하는 순간, 스키 플레이트(plate)가 꼬이며 나는 보기 좋게 넘어져 눈밭을 두세 바퀴 뒹굴었다. 내려오자마자 장비부터 벗고 사람들 속으로 숨었다. '아이고, 부끄러워라.'

미팅 장소 앞의 매점으로 갔다. 빈 의자에 앉으니 이제야 긴장이 풀린다. 마지막에 라운드 하우스에서 입구 곤돌라까지 내려올 때는 정말 너무 길었다. 이렇게 세 번 정도

스키 타다가 - 예뻐서 찍은 사진

타면 '퍼질' 듯하다. 다시 밴쿠버로 돌아가는 버스에 올랐다. 피곤해서 1시간쯤 정신을 잃었을까. 눈을 떠 보니 다운타운으로 돌아와 있었다.

오늘도 가이드는 학교 후배에게 맡겼다. 목적지는 개스타운(Gastown). '개시 잭(Gassy Jack: '수다쟁이 잭'

휘슬러 영상

| 개스타운　　　　　　　　　　　　　　| 증기시계

이라는 뜻)'이라는 별명을 가진 존 데이튼(John Deighton)이라는 사람이 부흥시킨 동네이다. 19세기 고전적인 분위기와 현대적인 분위기가 조화를 이루고 있었고 아기자기한 카페와 레스토랑은 개스타운을 한 층 더 따뜻하게 만들어 주었다.

거리의 외곽에는 증기로 작동되는 작은 시계탑이 하나 있다. 밴쿠버의 얼굴이라 할 정도로 유명한 시계탑인데 세계 최초로 만들어진 증기시계이기도 하다. 15분마다 증기를 배출하며 노래가 흘러나온다. 아름다운 노래일 줄 알았는데, 밤에 갑자기 들어서 그런지 나에게는 다소 음침하게 들렸다.

사람들이 줄을 서서 먹는다는 근처의 플라잉 피그(The Flying Pig) 레스토랑. 식사 시간이 지나고 비까지 오는데도 거의 만석이었다. 2층의 그리 크지 않은 규모에, 테이블이 좁게 배치되어 있었다. 대체적으로 어두운 조명에 촛불로 포인트를 주었다.

메인 메뉴는 20~30달러, 사이드 메뉴는 10달러 정도였다. 우리는 양배추 샐러드와 새우 크림 리소토(risotto), 그리고 이름 모를 짭조름

낯선 곳이 나를 부를 때

한 음식과 푸틴(poutine)을 시켰다. 푸틴은 감자튀김과 함께 치즈가 곁들여진 요리이다. 기호에 따라 소시지나 고기가 곁들여지기도 한다. 맛집답게 모든 음식이 맛있었다. 주문한 음식은 대체로 양이 적었지만 그래도 만족스러웠다. 그중 푸틴은 단연 최고였다.

오늘 하루 신나게 잘 놀고 잘 먹었다. 이번 여행은 크게 한 것도 없는데 벌써 내일이면 다시 집으로 돌아갈 시간이다. 다음에 기회가 되면 꼭 다시 오기로 하고 학교 후배와 헤어졌다. 낮에 갔던 휘슬러에는 또다시 가고 싶다. '공부 열심히 해서 돈 많이 벌어야지.'

:: 폭설 그리고 캐필라노 서스펜션 브리지 ::

밤새 폭설이 왔다. 거리에 쌓인 눈은 발목 높이까지 닿았다. 아직도 눈이 조금씩 흩날리고 있었지만, 재킷에 달린 모자를 뒤집어쓰고 잉글리시 베이(English Bay)로 향했다. 밴쿠버인들이 사랑하는 해변이란다. 좋은 해변을 많이 보았기에 썩 끌리지는 않았지만, 계륵(鷄肋) 같은 느낌이랄까. 안 가면 섭섭할 듯했다.

해변은 온통 눈으로 덮여 여태까지 못 보던 분위기를 자아냈다. 파도는 잔잔히 물결치고 있었고, 파도 바로 앞의 모래는 눈이 덮여 온통 하얬다. 나처럼 눈을 맞으며 바다를 구경하는 사람도 여럿 있었다. 조심조심 눈을 밟으며 해변을 걸어 보았다. 자세히 보니 바다 위에 둥둥 떠 있는 오리들도 있다. 엄마 오리의 뒤를 새끼 오리 여럿이 따르고 있었다. 추운 겨울에 오리들은 무얼 먹고 사는지 문득 궁금하다.

밴쿠버 다운타운에서 북쪽으로, 차로 약 20분 거리에 '캐필라노

▌ 잉글리시 베이　　　　▌ 잉글리시 베이 앞 A-maze-ing laughter

(Capilano)'라는 곳이 있다. 풀네임(full name)은 캐필라노 서스펜션 브리지(Capilano Suspension Bridge). 길이 약 140m, 높이 70m의 아찔한 현수교가 있는 곳이다. 호스텔에 있는 밴쿠버 관광 안내 책자에서 이곳의 정보를 보게 되었다. 직원에게 물어보았더니 다운타운 곳곳에서 이용할 수 있는 무료 셔틀버스도 있다고 했다.[19]

　폭설이 내렸지만 제설 작업이 잘된 덕인지 버스가 문제없이 운행되고 있었다. 스탠리 파크(Stanley Park)를 지나고 큰 다리도 하나 지나서, 푸른 나무들이 심겨져 있고 토템 모형들이 세워져 있는 캐필라노 공원 입구에 도착했다. 입장료는 성인 42.95달러로 공원 입장료치고는 많이 비싼 편이었다.

　"Hi. One person. Can I discount for student?(안녕하세요, 한 명이요. 학생 대상 할인을 받을 수 있나요?)"

---

19 다운타운에서 캐필라노까지 운행되는 무료 셔틀버스는 Canada place, Hyatt regency, Blue horizon, Westin bayshore 4군데로 배차 간격은 약 15분이다.

　　　　　　　　　　　　　　　　　　　　낯선 곳이 나를 부를 때

ǀ 캐필라노의 토템

"Sure. And you can save 50% more. Because of much snow, we open only Capilano Bridge. Do you want?(물론이죠, 그리고 50% 할인도 추가로 받으실 수 있어요. 눈 때문인데요, 캐필라노 브리지만 현재 관람하실 수 있습니다. 괜찮으신가요?)"

"50%? Yes, I want."

"If the snowing is stop, you can enter without payment and see all the park. Only today."

입장료를 50% 할인해 준다는 것은 알아들었는데, 그 이유에 대해서는 잘 알아듣지 못했다. '오, 반값! 무조건 콜이지.' 하고 있었는데 나중에서야 눈치로 이해할 수 있었다. 오후에 눈이 그치면 재입장해서 공원의 모든 곳을 볼 수 있다고 한다. 그러나 밴쿠버 마지막 날인

나에게는 해당 사항이 없다.

눈 덮인 캐필라노는 상상 이상이었다. 한 발, 한 발, 발걸음을 내디딜 때마다 다리가 출렁거렸다. 70m 아래에서 천천히 흘러가는 계곡, 푸른색 숲과 그 위로 두껍게 쌓인 하얀 눈. 다리 중간에 서서 가만히 보고 있으니 눈앞의 절경에 빠져 잡생각이 싹 사라졌다.

다리로 건너는 숲 속이었다. 울창한 자연 속을 발로 직접 걸을 수

낯선 곳이 나를 부를 때

있는 지점도 있었고, 수십 미터 높이의 나무 위에 다리를 놓아 다람
쥐의 시선으로 숲을 바라볼 수 있는 곳도 있었다. 하지만 그곳들은 눈
때문에 모두 통제되어 있었다. 공원 관계자들이 부지런히 삽으로 눈
을 치우고 있었지만 몇 시간 뒤에야 입장이 가능할 듯해서 많이 아쉬
웠다.

셔틀버스를 타고 다시 다운타운으로 돌아갔다. 공항으로 가야 한
다. 추웠지만, 기간이 너무 짧았지만, 그럼에도 불구하고 따뜻한 크
리스마스 분위기와 휘슬러 스키장 덕분에 즐거움 가득한 밴쿠버였다.

알래스카

빙하와 오로라.
이 두 가지만으로도
알래스카에 갈 이유는 충분하다.

:: 추위와 빙하, 오로라의 땅으로 ::

알래스카는 생각은 무슨, 상상조차도 못했던 지역이었다. 한국에서는 말할 것도 없고, 미국에 와서도 동부와 서부 여행만 생각했었지, 알래스카는 그저 먼 나라의 이야기로만 여겼다. 동부는 인턴을 끝나고 갈 예정이었고, 서부는 틈틈이 하나하나 돌아보던 중 어느새 알래스카라는 지역이 머리 한구석에서 자라났다.

알래스카(Alaska)로 떠나기 한 달 전. 회사에서 크리스마스와 신년 연휴를 몰아서 쉰다는 소식을 접하게 되었다. 주말 끼고 목·금·토·일. 충분히 갈 수 있는 시간이 생겼다. 연휴 일정을 늦게 알게 된 터라 비행기 값이 약간 비쌌지만 지금 아니면 절대 못 갈 것 같아서 왕

복 550달러에 티켓을 구매했다.

하루 뒤에 영진이가 함께 가고 싶다고 비행기 티켓을 끊었고, 이어서 회사 차장님도 합류하였다. 알래스카에 뭐가 있는지, 어떤 도시들이 있는지, 무엇이 유명한지, 하나도 몰랐지만 빙하 이미지만 떠올려봐도 충분히 기분이 좋아졌다.

여행 하루 전날에도, 비행기를 예약할 때와 전혀 다름이 없다. 숙소를 포함해 어디에 갈지에 대해서도 정해진 것이 없다. 회사에서 차장님, 영진이와 '긴급 회동'을 갖고 여행 계획을 대강 짰다.

알래스카에서 가장 큰 도시인 앵커리지(Anchorage), 크루즈를 타고 빙하를 볼 수 있는 수어드(Seward), 마지막으로 오로라(aurora)를 볼 수 있는 페어뱅크스(Fairbanks). '오로라! 오로라다! 캬캬캬!'

세세한 일정을 정하지 않아 숙소를 전부 예약하지 않고, 첫날 묵을 호텔만 정했다. 앵커리지 다운타운에 있는 쉐라톤 앵커리지 호텔을 1박 예약하고(호텔 1박 요금: 150달러), 차를 4일 렌트하였다. 장거리 이동에 필요한 풀 사이즈(Full size) 차를 렌트하기 위해 인터넷으로 알아보았는데 가격이 하루에 9달러로 뜬다.[20]

하루에 9달러? 너무 싼 가격이라 의심이 되어 선뜻 예약할 수 없었다. 렌터카닷컴에서 검색해서 보게 된 에이비스(AVIS)라는 회사였는데, 미국에서 손꼽히는 메이저 회사라 장난칠 리 없겠지만, 그래도 9

---

[20] Compact: 경차~현대 액센트급 사이즈, Intermediate: 현대 아반떼급 사이즈, Full size: 현대 소나타급 사이즈

달러의 가격은 매우 의심스러웠다. 한참 동안 고민한 후 밑져야 본전이라는 생각에 예약을 했다. 나는 자차 보험이 없어서 하루에 10달러인 자차 보험도 함께 예약했다.[21] 이제 할 것 다 하고, 여행 떠날 날짜만 편하게 기다리면 된다.

퇴근한 난 뒤, 수요일 밤 9시 출발, 목요일 새벽 5시 도착. 환상적인 시간이다. 비행기에서 잠을 자고 목요일부터 꽉 찬 3박 4일을 보낼 수 있어 좋다.

:: 렌터카 대여 시, 만 25세 이하는 추가 요금 ::

알래스카까지 LA를 경유 후, '알래스카 항공'을 이용하였다. 나에게는 낯선 이름의 항공사라 허름할 줄 알았는데, 출발 시각과 도착 시각을 칼같이 지키고 항공기도 아주 깔끔하며 승무원들도 친절했다.

비행기는 LA에서 4시간의 운항 끝에 앵커리지에 도착하였다. 깜깜한 새벽, 주황색 불빛으로 주위를 밝히는 앵커리지 공항이 보였다. 그리고 한가득 쌓여 있는 눈이 보였다. 나는 얼마 전 밴쿠버에서 많은 눈을 보았기에 그저 '어, 눈이네.' 했지만, 영진이와 차장님은 오랜만에 보는 눈이기에 무척 반가워했다. 특히 차장님은 거의 7년 만에 눈을 본다고 하셨다.

공항에 내리니 박제인지 모형인지 모를 커다란 곰과 에스키모인들

---

21 미국에서 자동차 보험을 가지고 있다면 자신의 보험을 렌터카에 적용할 수 있다. 결론적으로 렌트하는 차의 비용만 지불하면 되기 때문에 굉장히 저렴하다.

낯선 곳이 나를 부를 때

이 이용하는 썰매와 사냥 장비들이 전시되어 있었다. 표지판을 따라 렌터카 회사가 있는 곳으로 이동했다. 이동하는 통로에서 보이는 오로라 테마에 맞춘 천장 디자인들도 눈에 띄었다. 통로 끝에 렌터카 간판들이 보이기 시작했다. 렌터카 회사들은 아침 7시에 문을 열었다. 회사가 문을 열기 전 조금 일찍 도착한 우리는 회사 앞에 마련되어 있는 의자에서 옷을 갈아입고 세수와 양치를 하다 보니 금방 7시가 되었다. 제일 먼저 카운터로 가서 문의를 하였다.

"Good morning. I have a reservation."

예약한 문서와 함께 신분증인 여권을 꺼냈다.

"Driver license, please."

아직 운전면허증을 받지 않아 내 국제 면허증을 들이밀었다.

"Thank you. And your credit card, please."

'이제 결제를 하는가 보다.' 하며 이번 여행에서 총무 역할을 맡으신 차장님의 신용카드를 주었다. 하지만 거절되었다.

"I need your credit card. It has to match your name and credit card owner's name.(예약하신 고객님의 신용카드가 필요합니다. 예약 고객님의 이름과 신용카드 소유자의 이름이 일치해야 해요.)"

"I don't have credit card. If possible, Can I pay his credit card?(제가 신용카드가 없어서 그러는데요. 가능하다면, 이 분의 신용카드로 결제할 수 있을까요?)"

"I'm sorry, sir."

'아, 한 번에 되는 게 없다. 어쩌지, 어쩌지….' 하다가 한국에서 발급받은 국제학생증에 비상금으로 쟁여 둔 돈이 생각났다. 그걸 주었다.

"This is my country's credit card. Please use it."

"Is this credit card?"

사실 국제학생증은 해외에서 사용 가능한 체크카드이지만 한국의 신용카드라고 둘러댔다. 아니나 다를까 직원은 의심스러운 말투로 신용카드가 맞는지 물어보았지만 나는 맞다고 진짜인 척 말했다.

"It will be charged additional fee because you are under 25 years old. So $20 per day. Total $80 would be charge more.(만 25세 이하이면 추가 요금이 부과됩니다. 하루에 20달러씩 추가되어 총 80달러가 더 청구됩니다.)"

직원은 내가 만 25세 이하라 하루에 20달러씩 추가 요금이 붙는다고 하였다. 이렇게 해서 총 80달러의 추가 요금이 붙었다. '아…. 80달러….' 그래 봤자 3박 4일에 200달러 정도로 차를 빌린 것이었지만, 쓰지 않아도 될 돈을 80달러나 추가로 지불하는 게 너무 배가 아팠다.

이렇게 우여곡절 끝에 차 키(key)를 받았다. 붉은색의 2016년식 닛산 알티마. 주차장 문을 여는 순간 한기가 쏴악 살을 파고들었다. 오! 알래스카다. 춥다. 클래스(class)가 다른 알래스카의 차가운 공기가 뼈까지 스며드는 듯했다. 붉은색 알티마를 찾아 차에 흠집이 없는지 먼저 확인하고, 시동을 걸었다. 그런데 차를 빼려니 안 나간다. '응? 이거 왜 이래?' 액셀러레이터를 살짝 밟으니 차가 움직였다. 자동차 타이어와 바닥 사이에 물기가 있었는데 얼어서 그런 듯했다. 렌터카는 처음이라 모든 것이 혼란스럽다. '이대로 나가면 되는 건가?' 주차장에 있는 아무 직원에게 물어보았다.

"Excuse me, I have to check something?(실례합니다, 제가 확인해야 할 게 또 있나요?)"

"No, sir. You can just out.(아닙니다, 고객님. 그냥 나가시면 됩니다.)"

나가는 길에 물어보니 그냥 나가면 된단다. 아침 7시 30분이 다 되어 가는데 아직도 하늘은 깜깜하다. 오늘 일정은 수어드(Seward). 오전 중으로 수어드에 가서 빙하를 보고 저녁에 다시 앵커리지로 오기로 했다.

:: 빙하 보러 수어드로 가는 길 ::

수어드(Seward)까지는 약 2시간 30분이 걸린다. 입이 심심할 수도 있으니 근처 월마트에 들러 간식거리를 좀 샀다. 과자와 물을 샀고, 마트에 간 김에 장갑과 모자도 구입했다. 장갑이나 모자 같은 건 샌디에이고 아웃렛(outlet)에서 싸게 사려고 했으나 아웃렛 이곳저곳을 둘러보아도 찾을 수가 없었다. 기껏 파는 것이 바람막이 정도였다. 이곳 월마트에서 살 수 있어 다행이다. 두 개 합쳐서 15달러 정도, 털이 북슬북슬해서 아주 따듯해 보인다.

수어드로 출발했다. 길은 제설 작업이 되어 있긴 했지만 곳곳이 빙판이었다. 특히 교차로에서의 턴은 아주 짜릿했다. 핸들을 좌측으로 꺾어도 직진하는 그 맛이란…. 심장이 쫄깃쫄깃했다.

1번 도로를 타고 남쪽(south)으로 달렸다.[22] 시내는 제설 작업이 깨끗이 되어 있었지만, 외곽으로 나가니 눈이 많이 쌓여 있었다. 다행히 차가 미끄러지는 일은 없었다. 구글 지도를 보니 산을 넘어가야 하는 듯했다. 오른쪽에 호수인지, 바다인지, 강물 비슷한 게 있는 것 같은데, 깜깜해서 잘 보이지가 않는다. 시간이 오전 9시가 다 되어 가는데, 해가 안 뜬다. 당연히 아침 일찍 해가 뜨고 저녁에 해가 질 줄 알았는데 생각이 짧았다. 겨울의 알래스카는 오전 9시에 해가 뜨고, 오후 3시에 해가 진다고 인터넷에 나와 있었다. 생각지도 못했는데 흐흐흐…. 하루가 굉장히 짧을 것만 같다.

---

22 앵커리지에서 수어드로 가는 국도는 세계 10대 드라이브 코스에 들 정도로 아름답다.

낯선 곳이 나를 부를 때

▌수어드 가는 길

  계속 도로를 달리고 또 달렸다. 동틀 무렵이 되니 뭔가 보이기 시작한다. 눈 덮인 나무와 산, 그리고 호수. 호수인 줄 알았는데 지도를 보니 바다인 것 같다. 그런데 얼어 있다. 얼어서 눈에 덮여 있다. 바다가 얼다니, 신기하기만 하다.

  연말이고 연휴라서 분명 관광객들이 많을 줄 알았는데 사람들이 거의 보이지 않는다. '오로라 보러 사람들이 겨울에 많이 찾을 것 같았는데…' 조금 의아했지만 '아침이라 그런가 보다.' 하고 생각했다.

  아주 가끔 맞은편에서 차들이 한두 대씩 지나갔다. 가로등 하나 없이 칠흑 같은 어둠 속을 달리고 있었기에 차량들은 상향등을 켜서 조금이라도 더 시야를 확보하고자 했다. 그러다 맞은편에서 차가 오면 서로 깜박깜박하며 자신이 있다는 것을 알려 준 후 상향등을 끈다. 상

┃ 수어드 가는 길 – 케나이 호수

┃ 수어드 시내

낯선 곳이 나를 부를 때

향등을 켜고 반대편 차량을 만나면 자신은 앞이 잘 보일지 몰라도 상대편 차량은 아주 위험하다. 일시적으로 앞이 안 보일뿐더러 커브 길이라면 사고가 나기 십상이다. 이곳 말고 다른 지역에서도 똑같으니 운전 경험이 적은 사람들은 주의하도록 하자.

해가 올라올수록 주위의 사물이 더 잘 보이기 시작했다. 그리고 표지판이나 마을의 모습이 하나둘씩 보이기 시작하더니 어느새 수어드에 도착했다. 정말 작은 마을이다. 지도로 볼 때는 그래도 '마을 정도 크기네.' 했는데 실제로 보니 정말 작다. 대도시의 블록 2개 정도의 크기였다. 고층 건물 하나 없이 모두 단독주택식의 형태였고 인적도 뜸했다.

일단 눈앞에 있는 작은 공원부터 둘러보았다. 바다 바로 앞의 해안을 따라 이어진 공원이었고, 위치 때문인지 그 이름도 '워터프런트 공원(Waterfront Park)'이었다. 서부의 여느 도시와 다를 바 없는 풍경이었지만 눈이 쌓여 있었고 바다 위에 작은 얼음덩어리들이 둥둥 떠다니고 있었다. '오…. 얼음이다. 유빙이다.' 그저 빙하라는 것이 신기했다.

해는 떴지만 머리 위로 뜨지는 않았다. 지평선 너머에 살며시 걸쳐져 있을 뿐이었다. 그래서 해가 뜬 지 2시간이 지났는데도 계속 아침 같은 분위기였다. 옆 동네인 더 라군(The lagoon)으로 이동하였다. 크루즈를 탈 수 있는 부두(pier)가 많은 동네였다.

:: 알래스카에서 빙하 보기 → Fail ::

옆 마을이라고 했지만 차로 1~2분 정도밖에 걸리지 않는다. 아침을 사 먹으려 했지만 대부분 가게가 닫은 것 같은 분위기였다. 골목 왼편에서 희미하게 불이 켜진 'Lounge'라는 음식점이 보인다. 유명 프랜차이즈가 아닌 동네 음식점으로 보였고 무엇보다 문이 열려 있다는 사실에 반가웠다. 망설일 이유가 없었다. 바로 음식점으로 들어갔다. 40~50대로 보이는, 정이 많아 보이는 백인 아주머니가 우리를 반겨 주었다.

창가에 자리를 잡고 메뉴판을 펼쳤다. 브런치 메뉴들이 보였다. 다운타운에서 흔히 보던 현대식 가게들과 달리 아주 허름해 보이는 외형이었기에, '맛 없는 거 아이가?' 하는 의문이 음식을 맛보기 전까지 계속 맴돌았다.

각자 먹고 싶은 메뉴를 고르고 따뜻한 수프도 하나 시켰다. 홈메이드(homemade)인 '오늘의 수프'가 메뉴에 있길래 그것으로 정했다.

"Do you need an order?(주문하시겠어요?)"

"Yes. Let me take this one. Milk pancake with sausage & egg. (네. 이걸로 할게요. 소시지와 달걀이 들어 있는 밀크 팬케이크요.)"

"What do you want for egg? Scramble or top on the pan.(달걀은 어떻게 하시겠어요? 스크램블로 하시겠어요? 아니면 팬 위에 올려놓을까요?)"

"Uh, Top on the pan, please.(어, 팬 위에 올려 주세요.)"

영진이와 차장님은 오믈렛을 시켰다. 감자가 곁들여 나오는데 감자를 잘라서 구울지, 해시 브라운으로 할시에 대해서도 물어보았고, 같이 나오는 빵에 대해서도 머핀을 먹을지, 토스트를 먹을지에 대해 물어보았었다. 브런치 하나를 시키는데도 참 종류가 많다.

가게의 외관은 허름했지만 음식 맛이 아주 훌륭했다. 내 소시지가 좀 작은 게 흠이었지만 팬케이크가 아주 부드러워서 좋았고 오믈렛도 두말하면 잔소리였다. 수프 역시 따뜻해서 몸 녹이기에 아주 좋았다.

흔히 먹는 옥수수 수프나 토마토 수프가 아니라 담백한 느낌의 고기 수
프였다. 고기 한 덩이, 한 덩이를 먹을 때마다 포만감이 느껴졌다. 알
래스카 현지인이 만든 것이라서 그런지 더 맛있었던 것 같기도 하다.

알래스카에서 처음 시킨 음식에 아주 만족하며 레스토랑을 나섰다.
'이제 크루즈 타고 빙하 봐야지.' 레스토랑 바로 맞은편에 크루즈를
운항하는 듯한 여행사들이 줄지어 있었다. 그런데 분위기가 썰렁하
다. 사람들이 보이지 않고 하늘은 우중충하고…. '뭐 별일 있겠나' 싶
어 한 여행사의 문을 두드렸다. 그런데 문이 굳게 닫혀 있었다. 옆집
도, 그 옆집도 문이 닫혀 있었다. "아…." 깊은 탄식이 나왔다. 운항
하지 않는 것 같다. '곧 1월 1일 연휴라서 그런가?' 근처에 있는 기념
품 가게가 열려 있어 그곳에 들어가 보았다.

낯선 곳이 나를 부를 때

"Excuse me. We want to take a cruise and see glaciers. But all stores were closed. So…. Not open today?(실례합니다. 저희는 크루즈 타고 빙하 보려고 하는데요. 모든 가게가 문을 닫았네요. 오늘은 운항을 안 하나요?)"

"Oh, Cruise doesn't work these days. Next year, May to September, you can take it.(오, 크루즈는 요즘 운항을 안 해요. 내년에, 5월부터 9월까지 운항할 거예요.)"

크루즈는 비성수기라 운항하지 않는다고 했다. 그제야 오는 길에 왜 그렇게 차가 없었는지, 수어드에 왜 이렇게 사람들이 없는지, 가게는 왜 대부분 닫혀 있는지 이해가 되었다. '알래스카' 하면 빙하, 추위, 오로라이기에 당연히, 매우 당연하게 겨울이 성수기일 것이라고 생각했다. 사전 조사가 너무 부족했다.

'아, 불평해서 무엇 하나. 누구를 탓하나. 내가 잘 알아보지 않은 탓이지….'

:: 네..? 파워 스톰이요..!? ::

크루즈 말고 빙하를 볼 수 있는 곳이 하나 더 있다. '엑시트 글래셔(Exit Glacier)'라는 곳인데 산에 얼어붙은 빙하가 있는 곳이다. 차로 쉽게 이동하여 빙하를 발로 디디면서 볼 수 있는 곳이다.

"Then can I see an Exit Glacier?"

"Yes. Very close near by here. Before enter, there is Adventure. Go to Adventure and ask to them.(네. 바로 이 근처에 있어요. 그곳에

가기 전에, '어드벤처'라는 곳이 있는데, 그곳에 가서 직원에게 물어보시면 됩니다.)"

'어드벤처(Adventure)'는 '모험'이란 뜻인데, 모험으로 가라고 하니 이해가 안 되긴 했지만, 나중에 직접 가서 알고 보니 그것은 여행사 이름이었다. 기념품 가게 주인에게 고맙다는 인사를 건넨 후, 엑시트 글래셔를 보러 출발했다. 수어드에 오는 길에 엑시트 글래셔로 가는 표지판을 보았기에 비교적 쉽게 찾아갈 수 있었다. 10분쯤 갔을까. 조금 전에 들은 '어드벤처'가 보였다.

"Hi. We wanna go to Exit Glacier."

"I'm sorry, guys. We can't work today because we had power storm last days.(죄송합니다. 우리 오늘 일 못 해요. 지난 며칠 '파워 스톰(눈폭풍)'이 와서요.)"

"Power storm? Oh, my God! Then we can't go there with our car?"

"You can't. There are much snow. Tomorrow also would have power storm."

"What? Tomorrow also? Actually, we will go Fairbanks tomorrow. Can we go there?"

"Umm, You have to pass Denali mountain. I don't recommend to you. Your car has a snow chain?"

"No."

"Then do not go there."

낯선 곳이 나를 부를 때

▌지나가는 길에 – 눈꽃 덮인 나무

　알래스카까지 와서, 여기까지 와서 빙하를 못 본다고 하니 너무 아쉬웠다. 눈폭풍까지 온다고 하니 여행하는 내내 아무것도 못 하는 것이 아닌가 싶었다. 한 10분 정도 넋 놓고 있다가 앵커리지로 돌아가기로 의견을 모았다. 어차피 돌아갈 예정이었고 여기 더 있어 봤자 할 수 있는 것이 없으니….

　풀이 죽은 채로 운전대를 잡았다. 올 때와 달리 갈 때는 해가 있어서 풍경이 훤히 보였다. 숲속으로 향하는 길이 있기에 잠깐 차를 세웠다. 기찻길과 호수, 빽빽한 나무들이 흰 눈에 덮여 한 장의 그림을 이루었다. 걸음걸음마다 우리의 발자국을 남기며 잠깐 걸었다. 새하얀 눈길에 내 발자국을 남기는 것은 언제나 즐거운 일인 듯하다. 종아리 높이보다 더 높게 쌓인 눈을 먹고 밟고, 눕고 엎드리고, 얼어붙은 호

수에서 구르고 뛰며 한바탕 쇼를 벌였다. 빙하를 못 봐서 아쉬움을 달래는 것일지도 모르겠다. 몸에서는 열이 났지만 손이 아플 정도로 너무 시리다.

　다시 차에 올라 앵커리지로 향했다. 앵커리지는 알래스카에 오자마자 발만 디딘 곳이었지만 괜스레 반가웠다. 곧바로 호텔로 가서 체크

낯선 곳이 나를 부를 때

인을 하였다. 쉐라톤 앵커리지 호텔로 숙소를 잡았는데 대도시의 쉐라톤 호텔보다는 약간 수준이 떨어지는 듯했다. 하지만 앵커리지의 다른 건물들을 보니 이 정도만 되어도 여기서는 최고급인 것 같다.

약간의 휴식을 취하고 다운타운으로 갔다. 알래스카에서 가장 큰 도시의 다운타운이지만 이 역시 여느 도시와는 달랐다. 황색의 나무로 지은 듯한 1~2층짜리 건물이 대부분이었다.

:: 앵커리지 유명 레스토랑 '브루 하우스' ::

수어드보다는 크지만 한 바퀴 도는 데 20분이면 충분했다. 앵커리지 거리에 맛있는 핫도그를 판다고 들어서 주위를 둘러보았지만, 연휴 탓인지, 비성수기인 탓인지 가게들이 보이지 않았다. 평범한 돼지고기나 소고기로 만든 핫도그가 아닌 순록 종류인 무스(moose)로 만든 핫도그이기에 꼭 한번은 먹어 보고 싶었는데 아쉬움을 삼켜야만 했다. 레스토랑을 고르다 브루 하우스(Brew House)[23]라는 곳으로 갔다. 미국 지역 정보 검색 사이트인 옐프(Yelp)의 평점도 높고 블로그에서도 쉽게 찾아볼 수 있었던 가게였다. 현지인과 관광객 모두가 즐겨 찾는 곳이라 했다.

안으로 들어서니 실내 장식이 아주 예쁘게 되어 있었다. 천장은 높고 조명과 테이블은 안락한 분위기를 풍겼다. 셰프들과 웨이터들은

---

23 앵커리지에서 유명한 레스토랑. 음식 가격이 크게 비싸지 않다. 애피타이저는 10달러 초반, 주요리는 20달러 초중반 가격이다.

깔끔하게 차려입고 손님들을 맞았다. 메뉴판을 받아 보니 죄다 처음 보는 이름들뿐이다. 메뉴 설명을 하나하나 읽어 보고 주문하려 했지만 소용없는 것 같다. 알래스카에 왔으니 알래스카에서 유명한 연어와 킹 크랩(king crab)을 먹기로 했다.[24] 추가로 스테이크 한 접시.

　음식이 나오고 나서는 웃음부터 나왔다. 무척 맛있어 보였다. 연어 스테이크는 겉은 익었으나 안은 덜 익어서 굉장히 좋은 식감을 느끼게 해 주었고 스테이크는 처음 맛보는 소스가 곁들여져 있었다. 소스는 먹어 본 듯하기도 하고 안 먹어 본 듯하기도 한 묘한 맛이 났지만 결론은 최고였다. 이제까지 먹어 본 것 중에 제일 맛있었다. 킹 크랩

---

24 알래스카 주는 물건을 살 때나 음식을 먹을 때 세금이 붙지 않는다.

　　　　　　　　　　　　　　　　낯선 곳이 나를 부를 때

▌스테이크와 연어 스테이크, 킹 크랩

은 한국에서 먹는 대게와 거의 비슷했다. 버터가 발라져 있었기에 킹 크랩 또한 아주 맛있었지만 가격이 비쌌다. 6조각밖에 되지 않았는데, 40~50달러 정도 했다. '알래스카에서 킹 크랩으로 유명한 레스토랑에서 킹 크랩 한번 먹어 봤다.' 하는 정도이지 다시 먹고 싶은 마음은 크게 들지 않았다. 하지만 스테이크와 연어 스테이크는 네 번, 다섯 번도 더 먹고 싶었다.

먹는 내내 셋이서 '맛있다, 맛있다, 맛있다!'는 이야기만 했다. 접시가 비워지는 게 너무 아쉬웠다. 접시에 묻은 소스까지 싹싹 긁어서 먹고 레스토랑을 나왔다. 여행 마지막 날, 비행기 타기 전에 여기에 또 오기로 하였다.

다운타운을 한번 쓱 둘러보고, 큰 쇼핑몰 한 곳도 구경하고 나서 호텔로 돌아갔다. 비행기에서 자고, 차에서도 자고 했지만 그래도 피로가 몸에 축적되어 있었다. 밤에 간단히 맥주 한잔 하러 밖으로 나오기로 이야기했지만 다들 곯아떨어져서 아침까지 푹 잤다.

:: 꿈에 그리던 오로라 보러 페어뱅크스로 가는 길 ::

눈을 뜨니 온 세상이 하얗다. 밤새 또 눈이 왔다. 정말 눈폭풍이 오는 것 같다. 오늘 페어뱅크스에 가야 하는데, '무사히 갈 수 있겠지?' 어제도 눈길이었는데 잘 갔다 왔으니, 그냥 계획대로 가기로 했다. 가는 길에 코스트코(Costco)에 들러서 피자 한 판을 샀다. 혹시 몰라서 준비한 비상식량이다.

1번 도로를 타고 북쪽으로 이동하기 시작했다. 예상 시간은 약 7시간 30분. 멀다. '지성이면 감천이라 하지 않았던가. 정성을 들이고 참으면 복이 온다. 7시간의 운전을 참고 나면 오로라가 기다릴 것이다.' 하지만 차로 조금 이동하기 시작했을 때 다시 한 번 깨달았다. '파워스톰'이 온 세상을 뒤덮을 것을…. '날씨가 이렇게 흐린데 오로라가 보일 리가…. 혹시 페어뱅크스 지역은 맑지 않을까?' 기대하는 마음으로 구글을 검색했다.

'Fairbanks Whether - Mostly Cloud'

'구름 많음이라….' 착잡하다. 내일 날씨는 그래도 '일부분 갬'이었다. 오늘은 포기해야 할 듯하고, 내일 운이 좋으면 볼 수 있을 것 같았다. 이어서 오로라 예보를 검색했다. 구글 검색창에 'Fairbanks aurora forecast'를 치면 사이트가 하나 나오는데(www.gi.alaska.edu/AuroraForecast), 그곳에서 시간별로, 지역별로, 오로라 현상이 얼마나 강하게 나타나는지 알 수 있었다. 겨울이라 새벽에는 거의 매일 오로라가 나타나는 듯했다. 구름만 없으면….

불빛 없는 지역에서 새벽 내내 죽치고 있으면 한 번은 볼 수 있지

| 앵커리지 다운타운

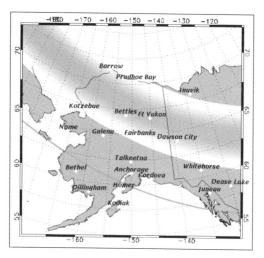

Low: 0 1 2 3 4 5 6 7 8 9

| 오로라 예보 샘플 - 가운데 굵은 띠 지나는 부분에서 오로라를 볼 수 있다.

▌노을 지는 알래스카   ▌가로등 하나 없는 밤

않을까 하는 기대를 품었다.

어느새 우리는 산길을 달리고 있었다. 눈에 보이는 풍경은 건물에서 산으로 바뀌어져 있었다. 사람의 손길이 닿지 않은 천연으로 보존된 산이리라. 오늘도 역시 오후 2시 30분 정도 되니 노을이 진다. 해가 짧다 보니 하루가 정말 짧게 느껴진다. 인적 없는 길이기 때문에 언제 주유소가 나올지 모르므로 보이는 곳마다 차를 세워 기름을 가득 채웠다. 휴식도 취할 겸 주유소 편의점을 둘러보는데 육개장 컵라면이 보였다. 물론 영어로 적혀 있었지만 브랜드와 이름은 분명 한국 컵라면이었다. 이런 외진 곳에서 익숙한 컵라면을 보니 무척 반가웠다. 뜨거운 물을 붓고, 조명도 없는 야외에서 눈을 맞으며 컵라면 한 사발을 들이켰다.

:: 오로라의 도시, 페어뱅크스 도착! ::

칠흑 같은 어둠 속을 한참 동안 달리던 중 서서히 가로등이 나오더니 마을이 보였다. 긴 이동 끝에 드디어 페어뱅크스에 도착한 듯했

낯선 곳이 나를 부를 때

▮ 페어뱅크스 다운타운 - 폭설　　　　　　　　▮ '눈을 못 뜨겠다!'

다. 오는 길에도 눈보라가 몰아치긴 했지만 여기는 아주 심하게 온
다. 거의 앞이 안 보일 지경이다.

눈보라가 심해서 그런지 인적이 없었다. 다운타운에 들어가서도 우
리를 반겨 주는 건 신호등뿐이었다. '인적 없는 거리지만 먼 길을 달
려왔으니 발 딛고 한 번 돌아다녀 봐야 하지 않겠나….' 큰 마트의 주
차장에 차를 놓고 밖으로 나왔다.

현재 기온 영하 40도. '이것이 극한의 추위로구나.' 남들은 패딩 점
퍼로 두툼한 옷을 입고 다니지만, 샌디에이고에서는 가장 두꺼운 옷
이 바람막이 옷이다. 옷을 여러 겹 겹쳐 입고 제일 바깥에 바람막이를
입었다. 옷을 너무 많이 입어서 행동에 제약이 있을 정도였지만 만족
했다.

밤 9시밖에 안 되었지만, 술집이며 카페며 문이 열려 있는 곳이 없
었다. 시내 중간에 작은 강이 있었고 강을 따라 공원이 있는 듯했다.
눈으로 덮여 있어 정확히는 알 수 없었다. 무릎까지 푹푹 빠지는 눈밭
에서 구르고 높은 곳에서 뛰어내리는 등 장난을 쳤는데, 머리를 바닥

에 부딪쳐도 눈 때문에 별로 아프지 않았다. 옷 안에 눈이 다 들어가 추워지자 차로 돌아갔다. 차 문을 열려고 하는데, 차 키가 없다. 차 키는 하나뿐이고, 내가 가지고 있었는데, 주머니를 싹 훑어도 없다. 심장이 철렁 내려앉았다. 차 앞에서 두 번, 세 번 주머니를 뒤져도 없다. 아….

'아까 눈밭에서 구르고 장난칠 때 떨어졌나?'

이 엄동설한에 갈 곳도 없고, 택시도 없고, 내일 당장 차 키를 새로 만들 수 있다는 보장도 없고, 그렇게 하더라도 비용이 엄청나게 들고…. 생각만 해도 지옥이다. 반드시 찾아야 한다.

혹시나 하는 마음에 차 밑을 살펴보았다. 아주 곱게, '우아한 자태로' 차 밑에 자리하고 있는 차 키. '와…. 이게 와 여기에 있노?' 하마터면 여행을 망칠 뻔했다.

:: 영하 40도의 노천탕, 체나 핫스프링스 온천으로! ::

차 안에서 안도의 한숨을 몇 번이나 내쉬고 나서야 오늘 계획을 다시 세울 수 있었다. 그동안 시간이 많이 늦었고 주위에 마땅히 갈 숙소도 없었다. 근처에 유명한 온천이 있는데 24시간이라고 들은 기억이 있어서 그곳에 가려고 했으나 전화해서 물어보았더니 오후 11시에 문을 닫는다고 하였다.

갈 곳도 없고, 숙소도 없고, 결국 온천에 미리 가서 차 안에서 자고 내일 문을 열자마자 온천을 이용하기로 했다. 하지만 온천은 깊은 산중에 있는데 지금 눈이 너무 많이 와서 그곳에 갈 수 있을지가 의문이었다. 그래도 일단 가 보기로 했다. 도로 상태가 좋지 않거나 하면 다시 돌아오는 것으로 하고.

우리가 가는 곳은 체나 핫스프링스(Chena Hot Springs)다. 눈과 온천을 동시에 즐길 수 있는 곳이다. 페어뱅크스에서는 1시간 30분 정도의 거리에 있다. 시내를 벗어나 다시 산으로 들어갔다. 밤중이고 눈이 많이 오지만 주기적으로 제설차가 지나면서 도로에 쌓인 눈을 치웠다. 덕분에 도로가 얼지는 않았다. 중간중간 편의점이 보이고, 뷰 포인트(view point)가 몇 군데 보이더니 체나 핫스프링스에 도착했다. 금방 갈 줄 알았는데 생각했던 것보다는 오래 걸렸다.

체나 핫스프링스에는 사람들이 꽤 있었다. 오늘 종일토록 사람을 못 봐서 그런지 반갑기도 하고 왠지 모르게 안전한 곳에 왔다는 생각이 들어 안심되기도 하였다. 이곳에서 숙박도 할까 해서 여행 전에 찾아보긴 했지만, 가격이 터무니없이 비쌌다. 1박에 200달러가 훌쩍 넘었다. 하지만 실제로 보니, 작은 방이지만 따뜻한 곳에서, 내 공간을 갖고 쉬고 싶다는 생각이 들었다.

체나 핫스프링스 리조트(Chena Hot Springs Resort) 안에 있는 카페와 강당 비슷한 곳에 한번 들어가 보았다. 사람들이 파티를 즐기고 있었다. 사람들이 단체 여행을 온 것 같기도 하고, 이곳에서 파티를 연 것 같기도 했다.

건물 입구에는 오로라 투어와 개썰매 투어 등의 투어 상품을 홍보하고 있었다. 오로라 투어는 1인당 70달러.[25] 체나 핫스프링스보다 더 위에 있는, 빛이 없는 곳으로 이동하는 듯했다. 특수 체험 차량으로 보이는 이동 수단에 탑승해서 여러 명이 함께 이동하는 방식이었다. 돈을 지불하고 이동하는 것은 본인의 자유이지만 간다고 해서 무조건 오로라를 볼 수 있는 것은 아니라고 했다. 기상이 좋지 않아 못 볼 수도 있어서 돈과 시간을 들였지만 보지 못하고 오는 사람도 꽤 있다고 했다.

우리는 투어 상품을 신청하지 않고 우리끼리 빛이 없는 곳에 가서 오로라를 볼 예정이었다. '과연 볼 수 있을까?' 하는 의문이 들었지만, 이곳에서 투어 상품을 운행하는 것을 보니 조금 자신감이 붙었다. 데스크에 가서 오늘 오로라를 볼 수 있을지에 대해 물었다.

"Can I see an aurora today?"

"Look at those. That is today indicate. Today's weather is no good. You may not watch a aurora.(저것 좀 보세요. 오늘 어떨지 조짐이 보이지요. 오늘은 날씨가 좋지 않아 오로라를 볼 수 없을 듯합니다.)"

"Yeah. Today has all day snow. How about tomorrow?"

"Let me see tomorrow's weather, mostly cloud. If you have some luck, you can watch.(내일 날씨 살펴볼게요. '구름 많음'이네요. 운이 좋으면 볼 수 있겠어요.)"

종업원은 벽에 붙은 자료들을 가리켰다. 낮에 우리가 오로라 예보

---

25 오로라 투어는 1인당 70달러, 개썰매 투어는 1인당 60달러이며 미리 예약을 해야 한다. 한국인이 운영하는 여행사의 오로라 투어는 1인당 100달러, 개썰매 투어는 1인당 120달러이다. 영어가 된다면 외국 여행사의 투어 상품을 이용하는 것이 더 저렴하다.

낯선 곳이 나를 부를 때

홈페이지에서 본 정보들이었다. 오늘의 오로라 지수는 최대 10 중의 4였다. 구름만 없다면 충분히 볼 수 있는 수치였다. 구름만 없으면 되는데 눈이 너무 많이 와서 오늘은 안 될 것 같다.

:: 알래스카에서의 두 번째 밤 - 노숙 ::

유용한 정보를 얻은 뒤, 밖으로 나왔다. 이곳에서 차를 대 놓고 차 안에서 자기로 했다. 하룻밤 이렇게 자고 내일 아침 온천이 열자마자 들어가서 피로를 풀기로 했다. 밖에 잠깐 주차해 놓은 차를 타고 이동하려고 하는데, 바퀴가 눈 속에 묻힌 듯하다. 일반 평지인데, 눈이 쌓여서 바퀴가 묻히게 된 것.

우리끼리 용을 쓰고 있는데, 지나가던 사람들이 하나둘씩 모여들어 도와주겠다고 하면서 차를 밀어 주었다. 사람이 조금 더 모이니 바퀴가 쉽게 빠졌다. 고마운 사람들…. 이곳에서는 눈 때문에 차바퀴가 빠지는 일이 많아서 이런 일이 있으면 정말 아무렇지도 않다는 듯 가서 서로 도와주는 것 같다.

인적 없고 조용한 주차장으로 가서 잘 준비를 했다. 그리고 월마트에서 산 맥주와 육포를 꺼냈다. 날씨가 춥다 보니 맥주가 아주 시원했다. 육포도 한국에서 먹는 맛과 거의 비슷했다. 차 안에서 이렇게 한 잔 기울이니 기분이 너무 좋다.[26]

시간이 얼마나 지났을까. 추워서 잠에서 깼다. 영하 30도의 페어뱅

---

26 미국에서 술을 살 때는 신분증(ID)이 필요하다. 동행자가 있다면 동행자도 모두 신분증이 있어야 한다.

■ 온천 티켓 파는 곳

크스. '산으로 들어왔으니 기온이 얼마나 더 떨어졌을까…. 우리가 너무 안일하게 생각했나?' 하며 차에 시동을 걸고 히터를 조금 틀었다. 공기가 따뜻해지면 차 시동을 껐다. 하지만 차의 온기는 얼마 가지 못하고 다시 떨어졌고 또다시 차 시동을 걸어 히터를 켰다. 새벽에 추워서 깰 때마다 이렇게 시동을 걸고 끄는 것을 반복했다. 아주 긴 새벽이었다. 빨리 아침이 오기만을 기다렸다.

아침 7시가 조금 넘어서 눈을 떴다. 빨리 아침이 오기를 바랐건만 한창 잘 때는 또 만사가 귀찮았다. 평소 같으면 일어나 하루를 준비할 시간이었지만 아직 깜깜하다 보니 한밤중 같았다. 정신을 차리고 온천으로 향했다.

:: 뜨끈한 온천수 vs. 영하 30도 ::

온천 입구는 시골 동네 사우나 같았다. 연식이 오래된 데스크와 벽이 있었고 신발을 입구에서 벗고 들어가야 했다. 가격은 성인 1명당 15달러. 많이 비싸지는 않았다. 코인(coin) 캐비닛(cabinet)에 각자의 짐을 넣고 옷을 갈아입은 후 온천으로 향했다. 강추위에 맨살을 맞대니 몸이 얼어붙는 듯했다. 곧바로 온천으로 들어갔다. 물이 따뜻했다. 깜깜한 하늘에 온천물은 따뜻하고, 새하얀 눈들이 온천 주위를

낯선 곳이 나를 부를 때

▌ 체나 핫스프링스

덮고 있었다. 온천의 열기에도 불구하고 눈들이 녹지 않고 눈꽃을 형성하고 있었다. 온천수는 주로 따뜻했지만 군데군데 뜨거운 곳도 있었다. 다른 곳에서는 쉽게 경험할 수 없는 분위기였다.

큰 온천 옆에 있는 약간 작은 온천에도 가 보았다. 첫 번째 갔던 곳은 아주 크고 돌과 나무로 만들어진 곳이라면, 두 번째 있는 곳은 목욕탕의 탕 하나 정도의 크기였다. 벽돌과 타일로 만들어져 있었다. 하지만 두 번째 온천은 온천 바로 옆에 길이 나 있었고 그 길은 눈이 소복이 쌓여 있었다. 온천 안에서 눈 던지고 놀며, 눈을 먹기도 하고, 알몸으로 눈 위에 누우며 떠들썩하게 있었다. 온천과 눈, 열기와 추위를 왔다 갔다 하는 모습을 지켜보던 외국인들도 처음에는 웃기만 하더니 이내 곧, 우리와 똑같이 뛰어놀았다.

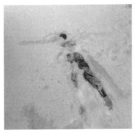

▮ 메인 온천   ▮ '눈은 내 이불이요, 보금자리로다'

정신없이 놀다 보니 어느새 해가 뜨고 있었고, 이곳 역시 해가 지평선까지만 올라왔다. 옅은 여명에 반대쪽 하늘은 노을 지듯 햇빛이 구름에 반사되어 붉게 보였다. 해가 짧아 아쉽긴 했지만 색다른 기억으로 남길 수 있을 듯하다. 온천에 몸을 너무 오래 담갔는지 슬슬 지친다. 온천에서 벗어나 페어뱅크스 시내에 갔다 오기로 의견을 모았다. '어제 온종일 부실하게 먹었으니 오늘은 좀 푸짐하게 먹어야겠다.'

:: 떴다, 떴다, 떴다! 오로라와의 만남 ::

어젯밤에 갔지만 인적이 하나도 없었던 페어뱅크스 시내. 오늘은 차량과 인적이 꽤 있었다. 가게도 문을 연 곳이 많았다. 어제 기상 예보대로 하늘도 드문드문 개었다. 뭔가 느낌이 좋다. 이 날씨가 밤까지만 이어진다면 오로라를 볼 수 있을 것 같다. 화장실을 가고 싶어 화장실을 찾다가, 카페를 가고 싶어 카페를 찾다가, 든든한 저녁이 먹고 싶어 레스토랑을 찾다가, 그렇게 어영부영 놀며 쉬며 오후 시간을 보냈다. 저녁 먹은 뒤 다시 체나 핫스프링스로 올라갔다. 깊은 산

낯선 곳이 나를 부를 때

속에 있기 때문에 오로라 보기에는 그곳이 좋을 듯 싶었다.

내일은 신년 1월 1일이다. 사람들이 강당에서 파티를 벌이고 있어 케이크도 자르고 있고 시끌벅적한 분위기였다. 새해 아침에는 조용한 곳에 가서 혼자 시간을 보내려 했지만 이곳에서 오로라를 기다릴 줄은 꿈에도 몰랐다. 어떻게 보면 낭만적일 것 같기도….

어제처럼 조용한 주차장에 가서 음악을 틀고 오로라를 기다리고 있었다. 다들 어디에 숨어 있었는지 어제와는 달리 많은 사람들이 야외에서 카메라 혹은 맥주를 들고 서성이고 있었다. 다들 오로라를 기다리는 듯했다. 이렇게 많은 사람들이 나와 기다리는 것을 보니 오늘은 진짜 뭔가 나올 것 같았다. 기대감에 부풀어 이런저런 생각을 하던 중 잠이 들었다. 그런데 누군가 밖에서 급하게 창문을 두드렸다.

"호동이! 나온나! 떴다, 떴다, 떴다!"

오로라다. 오로라가 떴다. 잠 따위는 순식간에 날아갔다. 곧바로 휴대폰을 챙겨 밖으로 나갔다. 과연 많은 사람들이 밖으로 나와 손가락으로 하늘을 가리키며 오로라를 쳐다보고 있었다. 보인다. 하늘 곳곳에 희미한 초록빛을 내는 무리가 보였다. 띠를 형성하며 아주 천천히 물결처럼 넘실댔다. '오호! 이게 오로라구나.'

하지만 그동안 사진을 통해 본 것처럼 확연한 색깔과 입체감을 가지고 있지는 않았다. 초록빛 띠가 보이고, 아주 천천히 움직인다는 것만 감지할 수 있었다. 삼발이를 설치하여 카메라를 아주 오랫동안 노출시켜 놓은 사람들의 사진을 잠깐 보았다. 사진 속의 오로라는 인터넷이나 책에서 보던 그 오로라였다. 굉장히 선명하고 아름다웠다.

　같은 공간에서 똑같이 보고 있는데 육안으로는 잘 안 보이는데 카메라로는 이렇게 찍힌다는 게 아이러니했다. 휴대폰으로도 노출 시간을 아주 길게 잡고 찍었더니 꽤 잘 보였다. 구름의 이동에 따라 오로라가 보이는 위치도 수시로 변경되었다. 오로라 투어에 간 사람들은 아주 깊은 산 속에서 오로라를 볼 것이다. '그 사람들도 우리처럼 이렇게 보일까? 오로라가 원래 이렇게 육안으로는 잘 안 보이는 것일까? 아니면 오늘의 오로라 지수가 4밖에 안 되어서 이렇게 보이는 것일까?' 궁금한 것이 참 많아졌다. 생각했던 것과 다르게 보였기에….

　아쉬워하면서도 새로운 오로라가 보이면 손가락으로 일일이 가리키며 흥분을 감출 수 없었다. 어떤 사람들은 평생 한 번 볼 생각도 하지 못하는 오로라. 미국에 인턴으로 와서 좋은 기회를 얻어 '약한' 오로라이기는 하지만, 내 눈으로 직접 보고 있다는 사실에 마음이 뒤숭숭해졌다.

'한국에 있는 친구들은 지금쯤 취직 준비에 한창 열을 올리고 있을 텐데…. 부모님은 평소처럼 평범한 하루를 보내고 있으실 텐데….' 나만 이런 좋은 경험을 하면서, 내가 하고 싶은 것들을 별다른 고민 없이 다 할 수 있다는 것에 새삼 감사함을 느꼈다. 동시에 한국으로 돌아가면, 남들과 다를 바 없는 공부를 하며 취직 준비를 할 수도 있다는 생각, 이런 행복은 잠시 뒷전으로 미뤄야 할 수도 있다는 생각에 씁쓸한 마음이 들기도 했다.

:: 여름에 다시 만날 알래스카를 기대하며 ::

오늘 밤이 알래스카에서의 마지막 밤이다. 내일 오후에 앵커리지에서 샌디에이고로 돌아가는 비행기가 예약되어 있다. 이제 앵커리지로 돌아갈 겸, 또 다른 곳에서 오로라를 볼 겸 해서 체나 핫스프링스를 내려왔다. 내려오는 길이 워낙 캄캄해서 돌아가는 길에도 오로라가 보였다. 중간중간 차를 세워 오로라를 구경했다. 오로라의 모양은 쉼 없이 바뀌었다. 커튼처럼 나풀거리기도 하고, 막대처럼 되기도 하고, 도화지에 초록색 물감을 푼 것처럼 보이기도 했다. 조금만 더 선명했으면 좋으련만….

체나 핫스프링스를 내려와서 페어뱅크스를 지나 그리고 드날리 국립공원을 넘어 앵커리지로 밤새 운전하여 돌아갔다. 여행 막바지라 그런지 밤새 하는 운전이 피곤하긴 했다. 세 명이 돌아가면서 운전을 했지만 인계받고 30분이 채 지나지 않아 피로감이 몰려 왔기에 더욱 정신을 바짝 차려야 했다. 드날리 국립공원을 지날 때쯤에는 엄청난 별들을 볼 수 있었다. 별 한 개, 두 개를 셀 수 있는 정도가 아니라 정말 새카만 종이에 밀가루를 뿌린 것처럼 별들이 많았다.

그곳에서 유난히 밝은 별이 하나 보였다. 그래서 계속 바라보는 중이었는데 갑자기 그 별이 지평선 너머로 별똥별이 되어 사라졌다. 떨어지는 별똥별을 우연히 본 것이 아니라 내가 주시하고 있던 별이 별똥별이 되어 사라졌다. '어, 어, 소원, 소원….' 늦었다. 알래스카에 와서 못한 것도 많지만, 이처럼 특별하게 본 것도 많았다. 밤길을 달리던 중 영진이가 잠깐 차를 갓길에 세워서 무언가를 찾는다고 잠시 뒤적거리던 중이었다. 그런데 어느새 차 뒤에서 경찰차의 사이렌(siren)이 울리고 있었다. 경찰이 오더니 영진이에게 신분증(ID)을 달라고 했다. 안 그래도 물건을 잘 찾지 못하는 영진이인데 신분증을 한방에 척척 내놓을 리가 없었다. 한참 동안 가방을 뒤지고 있으니 경찰이 어디서, 왜 왔느냐고 물었다.

"Hi. How are you, sir? Can I see your ID?"

"Yes. But that is in my bag. Can I find that?"

"Okay. Where are you from?"

"San Diego."

"Why do you visit here?"

"Travel. For 4 days."

"All right. Why do I come here, you stayed side road without any signal. You have to turn on emergency signal when you stay at side road."

경찰은 갓길에 차가 세워져 있는데 아무런 신호(signal)가 없어서 왔다고 했다. 그리고 갓길에 차를 세울 때는 반드시 비상등을 켜야 한다고 주의를 주었다. 차의 뒤편 유리에 눈이 덮여 있어 운전할 때 위험하다고 맨손으로 눈을 치워 주기도 했다. 30대 중반으로 보이는 여성 경찰이었는데 처음에는 무서웠으나 알고 보니 매우 예의 바른 사람이었다.

'좋은 여행이 되길 바란다.'고 인사를 하며 그 경찰은 자리를 떠났다.

앵커리지에 거의 다 왔다. 스타벅스에서 따뜻한 커피로 간밤의 피로를 풀었다. 밥 한 끼 하고 공항으로 가면 시간이 맞을 듯하다.

첫날의 기억을 되짚으며 공항으로 향했다. 근처에서 기름을 가득 채우고, 공항 가까이에 있는 'Rent A Car Return Location'으로 갔다. 화살표를 따라가서 차를 세웠더니 직원이 와서 차를 확인했다. 연료와 마일(mile)을 확인했고, 그 외에 차에 흠집이 있는지 등은 보지 않고 끝이었다. '간단하군….'

빙하부터 시작해서 드날리, 오로라, 개썰매, 그리고 핫도그…. 다시 오기 힘든 곳, 장거리를 이동해서 왔지만 해 보지 못한 것이 많다. 사전 조사가 부족했던 탓도 있었고 날씨가 도와주지 않아 시도하지 못한 것도 있었다. 그럼에도 불구하고 알래스카 여행은 매우 만족스러운 여행이었다. 차를 운전하며 눈에 보이는 하나하나가 자연 그대로였고, 아주 허름한 다운타운이었지만 그 지역만의 분위기를 느낄

▌ 알래스카 상공, 낮 3시의 노을을 바라보며

수 있어 좋았다. 영하 40도가 훌쩍 넘는 강추위였지만 샌디에이고에서 가져온 얇은 옷들로도 버틸 수 있었고, 눈폭풍이 왔지만 운이 좋아 오로라도 볼 수 있었다.

여행은 약간 아쉬워야 다음에 또 생각난다고 했던가. 아쉬운 점이 있었기에 다음에 또 올 것 같다. 또 오게 될지도 정확하지 않고, 언제가 될지는 더더욱 모르겠지만, 다음에는 겨울 말고 여름에 와서 빙하와 드날리 국립공원, 눈과 꽃이 공존하는 알래스카를 경험하고 싶다.

낯선 곳이 나를 부를 때

유니버설 스튜디오와 라스베이거스

게임과 쇼,
미국에서 가장 화려한 도시 라스베이거스.
일확천금을 기대해도 좋다.

:: 영화 속 판타지, 유니버설 스튜디오 ::

어머니께서 동생을 데리고 샌디에이고로 오신 적이 있었다. 우리 집에 머물며 샌디에이고와 근처 지역을 여행 다니시던 중, 한국에서 미국으로 먼 길을 오신 어머니의 소식을 듣고 회사 대표님이 나에게 휴가를 이틀 주셨다. 귀중한 이틀의 시간을 어떻게 보낼까 고민하다 LA에 있는 유니버설 스튜디오 할리우드(Universal Studios Hollywood)를 보고 후버댐(Hoover dam)과 라스베이거스(Las Vegas)를 거쳐 그랜드캐니언(Grand Canyon)에 갔다 오기로 했다.

홍콩, 오사카 등 세계 몇 군데에 있는 유니버설 스튜디오이지만 큰 관심이 없어 어떤 곳인지는 잘 알지 못했다. 다른 곳은 몰라도 유니버

| 매표소 가는 길 | 해리포터 테마파크 입구

설 스튜디오는 꼭 한번 가 보고 싶다는 어머니의 말씀에 주저 없이 티
켓을 구매했다. 공식 홈페이지에서 105~115달러. 만만치 않은 가격
이다.

UCLA(University of California, Los Angeles)에서 직접 구매하면
30~40% 할인된 가격에 살 수 있다고 들었지만, 너무 번거로워 그냥
홈페이지에서 구매했다.

오후 12시가 다 되어서야 주차장에 도착. 사람들이 몰리는 방향으
로 가다 보니 입구가 나왔다. 프린트해 간 전자티켓으로 바로 입장이
가능했다. 지구 모형에 'Universal Studios'라는 글자 띠를 두른 조형
물이 제일 먼저 우리를 맞아 주었다. 그냥 지나칠 수 없어 사진 한 장
씩을 남기고 계속 이동했다. 얼마 안 가서 광장으로 보이는 공간이 나
왔고 여러 갈래의 길과 함께 먹거리를 파는 작은 가게들이 나왔다. 그
중 한 길은 '해리포터' 테마파크로 이어졌다.

해리포터의 열광적인 팬인 나와 어머니는 아주 당연하게 해리포터
테마파크로 향했다. 입구에는 해리포터의 명물인 '호그와트 급행열

낯선 곳이 나를 부를 때

▌버터맥주   ▌호그와트 성

차'가 놓여 있었고 그 앞에는 급행열차 기관사 복장을 갖춘 아저씨가 사람들과 대화를 주고받고 있었다.

테마파크 자체는 영화 「해리포터」를 그대로 옮겨 놓은 듯했다. 길 바닥부터 시작해서 건물과 사람 모두 책 그대로였다. 건물들은 영화 속과 똑같이 뾰족한 지붕으로 지어져 있었고 사람들은 마법사 옷을 입고 돌아다녔다. 심지어 '버터 맥주'도 팔고 있었다. 길거리를 지나 다니는 것 자체가 즐거웠다. 길 끝에는 커다란 호그와트 성이 자리 잡고 있었다. 누군가 '유니버설 스튜디오의 해리포터 테마파크에 아주 재미있는 놀이 기구가 있다.'고 한 말이 생각났다. 왠지 여기일 것 같았다.

입구의 전광판에 쓰여 있는 예상 대기 시간은 30분. '아주 좋군….' 줄만 설 것 같던 30분은 호그와트의 꼬불꼬불한 실내 덕분에 전혀 지루하지 않았다. 영화에서 보던 마법사 동상, 움직이는 액자, '덤블도어의 방' 등이 아주 정교하게 만들어져 있었다. 성 내부를 구경하다 보니 4인용 의자가 컨베이어 벨트 위에 놓인 채, 차례대로 점점 다가

왔다.

직원이 안내해 주는 대로 자리에 앉았다. 사람들은 사라졌고 우리는 어둠으로 들어갔다. 그러다 빛이 보였다. 어느새 우리는 빗자루를 타고 '퀴디치(Quidditch)' 시합을 하고 있었다. 바로 앞에 보이는 주인공 '해리'는 상대편을 제압하며 우리를 어딘가로 이끌고 있었다. 갑자기 튀어나오는 드래곤과 무너지는 건물들, 그리고 순간이동. 3D 안경이나 장비 하나 걸친 것 없이도 입체감과 속도감이 마치 현실처럼 느껴졌다. 완벽한 4D라 하는 것이 더 정확할 듯하다. 이어서 나오는 거대한 거미와 '디멘터(Dementors)'는 약간 유치했지만 그 외의 시각적 요소는 매우 훌륭했다. 점수를 준다면 10점 만점에 10점.

어머니와 나, 동생 모두 감탄을 하며 놀이 기구에서 내렸다. 아직 여흥이 가시지 않은 채 해리포터 기념품 가게에 들어갔다. 피규어(figure)와 티셔츠 외에도 사고 싶은 것들이 너무 많았다. '내가 해리포터 빠돌이라 그런가….'

:: 든든한 아군 오토봇! 사라져라, 디셉티콘! ::

시간이 없으니 구경은 나중에 하고, 놀이 기구들을 먼저 타기로 의견을 모았다. 지도를 펼쳐 보니 흥미로운 게 몇 개 보였다. 그중 가장 눈에 띄는 것이 '트랜스포머' 테마였다. 곧바로 갔는데 뜻밖에도 줄을 서지 않고 그대로 탑승 가능했다. 실내에 테마가 이루어져 있었다. 해리포터만큼 크진 않지만 전혀 지루하지 않았다. 작은 자동차에 탑승한 후에 직원들이 나누어 주는 안경을 꼈다. 디셉티콘이 쳐들어

낯선 곳이 나를 부를 때

┃ 옵티머스 프라임

왔다고 서둘러 도망치라고 하였다. 시작부터 격렬한 전투 장면이 나
왔다.

　우리를 지키려는 오토봇과 해치려 하는 디셉티콘. 정신이 하나도
없었지만 실제 같은 느낌에 집중하지 않을 수가 없었다. 그중 탈출할
때와 미사일이 날아오는 부분은 압권이었다. 역시 '우와! 우와!' 하며
밖을 나섰다. 놀이 기구 두 개만 타 봤는데도 유니버설 스튜디오가 어
떤 곳인지 감이 왔다. 약간의 테마와 4D 놀이 기구. 어른들과 아이
들, 둘 다 즐기기에 좋은 곳인 듯하다. 들어올 때는 없었는데 나오니
트랜스포머의 로봇들이 살아 움직이고 있었다. 로봇 모형 안에 사람
이 들어가 있겠지만, 로봇의 행동과 말투, 정교함 모두 영화와 똑같
아서 무척 신기했다.

이 외에도 '미이라', '쥬라기 공원' 등 재미있는 놀이 기구가 많이 있었다. 반면 '슈렉'처럼 다소 시시한 것도 있었다. 의외로 대부분의 놀이 기구들은 사람들이 서 있는 줄이 없었다. 줄 서서 기다려도 길어야 10분 정도. 그래서 모든 놀이 기구를 탈 수 있었다.

:: '스튜디오 투어'는 반드시 해야 해! ::

스튜디오 투어(Studio Tour)라는 것도 있었다. 코끼리 열차처럼 열차들을 묶은 뒤 유니버설에서 제작한 영화나 드라마 세트장을 1시간 조금 넘게 돌아보는 투어다. 가다 보면 실제로 촬영 중인 곳도 볼 수 있고, '죠스'나 '우주 전쟁', '분노의 질주' 차량 등 익숙한 세트도 직접 볼 수 있다.

입구에서 3D 안경을 나눠 주는데, 중간중간 '쥬라기 공원', '분노의 질주'를 짧게나마 입체적으로 경험할 수 있다. 지하철 승강장에서 지진이 나서 화재와 함께 물이 차오르는 것도 겪을 수 있고, 마을에서 홍수로 인해 물이 범람하는 것도 볼 수 있다. 생각했던 것보다 스케일(scale)이 너무 커 깜짝깜짝 놀랐다.

아무 정보 없이 왔다면 스튜디오 투어를 안 했을 텐데 회사 직원 중 한 명이 유니버설 스튜디오에 가면 '해리포터'와 함께 '스튜디오 투어'를 꼭 하라고 신신당부를 하기에 별생각 없이 열차에 올랐다. 결과는 아주 굿(good). 역시 누가 강력하게 추천해 주면 곱게 말을 들어야 한다.

다른 지역에는 없는 곳도 있다 하니 '유니버설 스튜디오 할리우드'에 간다면 반드시 경험해 볼 것을 나 역시 적극적으로 추천한다.

낯선 곳이 나를 부를 때

:: 몸에 배어 있는 사회적 약자에 대한 태도 ::

신나게 탈 수 있는 놀이 기구, 눈으로만 봐도 즐거운 테마, 영화와 똑같은 코스프레. 이 외에도 기억에 남는 일이 있었다. 파라오와 클레오파트라로 분장한 거대한 사람들이 무서운 표정을 지으며 거리를 돌아다니고 있었다. 이들 남녀가 아주 멋있어 사람들이 줄을 서서 같이 사진을 찍기도 했다.

우리 역시 순서를 기다리고 있었다. 늠름한 제스처(gesture)를 취하며 코스프레를 하고 있던 그들이 우리 차례에서 손바닥을 내밀며 '잠깐만'이라는 신호를 주더니 어디론가 성큼성큼 걸어갔다. '무슨 일이지?' 하며 걸어가는 방향을 쳐다보았다. 휠체어에 탄 장애인 한 분이 사진을 찍으러 오고 있었다. 이를 본 파라오는 곧바로 그분에게 최우

▌유니버설 스튜디오 입구. 야간 조명을 받고 있다.

선적으로 사진을 찍어 주었다. 참 멋있었다.

　우리나라 같으면 '몸도 불편한데 왜 여기까지 오냐?' 하는 시선을 보내는 사람도 적지 않을 것 같은데…. 이 외에도 놀이 기구에는 장애인들을 위한 줄이 따로 있었고, 그 줄은 대기 시간 없이 곧장 탑승 라인으로 이어졌다. 몸이 불편하신 분들께 먼저 기회를 주고 배려하는 마음, 우리나라도 언젠가 이런 의식이 뿌리 깊게 자리 잡길 꿈꿔 본다.

　해가 뉘엿뉘엿 넘어갔다. 햇빛 대신 조명으로 물든 유니버설 스튜디오도 매우 아름다웠다. 말없이, 그 예쁜 풍경을 감상하며 밖으로 나왔다. 숙소 근처의 '파머스 마켓(Farmers Market)'에서 끼니를 때우며 오늘 찍은 사진들을 살펴봤다. 영화 속으로 들어갔다가 나온 듯하다. 왜 사람들이 '유니버설, 유니버설' 하는지 알겠다. '어린이에게 꿈

과 희망을? 어른에게도 꿈과 희망을! 껄껄껄.'

:: 이야, 번쩍번쩍! 라스베이거스 맞네 ::

샌디에이고에서 생활하면서 '언제쯤 라스베이거스에 갈 수 있을까?' 생각하곤 했는데 결국 가족과 함께 가게 되었다. 'LA에서 출발하니 조금 더 빨리 갈 수도 있을 듯하다.'고 예상했지만 '누가 LA 아니랄까 봐' 엄청난 교통 체증에 예상 시간보다 2시간은 더 걸린 듯하다.

라스베이거스는 이것저것 가릴 것 없이 15번 고속도로 하나로 쭉 갈 수 있었다. 보이는 건 황무지뿐. 무념무상으로 가다 보니 카지노가 적힌 간판과 건물이 하나둘씩 보이기 시작했다. '슬슬 다 와 가나 보다.'

드디어 라스베이거스에 도착. 미리 예약한 피라미드 모양의 룩소(Luxor) 호텔[27]이 눈에 보였다. 아주 큰 검은색 피라미드였다. 그 옆으로 중세 시대의 성처럼 생긴 호텔과 번듯한 모양의 큰 건물이 있었다. 사막에 세워진 도시답게 건물 사이사이로 보이는 길 끝에는 누런 모래가 보였다.

스핑크스가 지키고 있는 호텔 입구를 지나니 파라오 석상이 실내에서 앉아 있었다. 홀에는 큰 카지노가 있었고, 외곽으로 리셉션

---

[27] 라스베이거스 호텔은 날짜별로 가격이 천차만별이다. 평일에 4성급 호텔이 80달러가 되는가 하면 5성급 호텔이 150달러가 되기도 한다. 날짜에 따라 3배까지도 차이가 나니 미리 예약하고 가자(www.priceline.com).

┃ 룩소 호텔 실내

(reception)이 있었다. 가운데는 뻥 뚫려 있었고, 천장이 높아 시원한 기분이 들었다.

"You can upgrade for your room, if you pay $5 more."

'5달러밖에 안 되는데 업그레이드 가능하네?' 무슨 스위트룸처럼 업그레이드되는 줄 알고 흔쾌히 수락했다. 그러나 업그레이드에도 불구하고 실내는 지극히 평범했다. 평범한 실내, 평범한 창문, 평범한 욕실. 그 흔한 냉장고조차 없었다. 호텔 외관은 멋있었는데 실내는 '있을 건 다 있는' 한국 모텔보다 못한 듯했다.

:: 라스베이거스 스트립, 그리고 '태양의 서커스' 오쇼 ::

조금 쉬다가 밖으로 나갔다. 벨라지오 호텔(Bellagio Las Vegas)에서

낯선 곳이 나를 부를 때

하는 '태양의 서커스' 오쇼(O Show)를 미리 예약해 놓았는데, 그쪽이 중심가이므로 일단 그리로 향하기로 했다. 길을 지나가며 보이는 건물 중에 좀 특이하다 싶으면 모두 다 호텔이었다. 중세 시대, 이집트, 르네상스 테마 등 각각의 호텔이 특색을 지니고 있었다. 나중에 알고 보니 상어 수족관이 있는 호텔도 있었고, 정글 테마의 호텔도 있었다. 이런 호텔들이 비쌀 것 같지만, 5성급 호텔이 아닌 이상 하룻밤에 60달러에도 예약할 수 있으므로 숙박비 부담 없이 놀 수 있다.

한참 동안 번쩍번쩍, 휘황찬란한 라스베이거스의 밤거리를 거닐었다. 작은 규모의 '자유의 여신상', '에펠탑' 모형이 있었고, 중요 부위만 가린 채 봉춤을 추는 여성들이 있는 카지노도 있었다. 카지노 게임을 하러 온 사람들의 집중력을 흩트리는 데 있어 아주 좋은 아이디어

▌벨라지오 호텔 분수쇼 　　　　　　　　　　▌호텔 속 카지노

인 것 같다.

벨라지오 호텔 앞의 분수는 15~30분마다 음악에 맞춰 분수 쇼를 한다. 자주 하기 때문에 사람들이 많이 몰려 있지는 않았다. 우리도 서서 약 5분간 진행되는 분수 쇼를 봤다. 음악, 박자에 딱딱 맞춰 물줄기가 이리저리 휘날렸다. 금색 조명을 받는 벨라지오 호텔과 분수 쇼는 라스베이거스 도시의 한가운데에 있어 못 보고 지나칠 수가 없다. 이왕 지나가는 거 한번 보고 가시길.

서커스를 보러 벨라지오 호텔 안으로 들어갔다. 색색의 유리 공예품들이 천장을 수놓고 있었고 한쪽에는 신년을 맞아 거대한 닭과 함께 붉은색 꽃들이 정원을 이루었다. 한자가 중간중간 보였다. 중국인들을 위해 꾸며 놓은 듯했다.

'태양의 서커스' 오쇼(O Show) 극장은 카지노를 지나서 갈 수 있었다. 룰렛, 블랙잭, 슬롯머신 등이 보였고, 곳곳에 사람들이 있었다. 하우스 메이트와 집에서 가끔 하던 블랙잭 실력을 여기서 선보이고 싶었으나 무서워서 도전조차 하지 못했다. 훗날, 다른 카지노에서 블

　　　　　　　　　　　　　　　낯선 곳이 나를 부를 때

랙잭을 하다 50달러를 잃기
도….

미리 티켓을 구매했기에 별
다른 티켓 교환 없이 바로 입장
가능했다. 붉은색 의자와 커
튼이 보였고, 우리 자리는 2층
제일 중간으로 잡았다. 1인당
180달러. 거의 20만 원 돈이
다. '지금 아니면 언제 이런 쇼
를 보겠어.'

❙ 서커스 시작 전

공연 시작 전 피에로 두 명이
좌석을 돌아다니며 사람들에게
물총을 쏴 댔다. 그리고 중간
중간 보여 주는 '몸개그'는 공
연을 기다리는 사람들에게 큰
웃음을 주었다. 피에로가 퇴장
하고 커튼 중간에서 삐져나온
손이 보이며 공연은 시작되었
다. 무대는 물로 채워져 있었

❙ O Show by Cirque du Soleil

다. 물속에서 이루어지는 '칼군
무(여러 사람이 동작을 정확히 맞춰 추는 춤)'는 물론 화려한 다이빙과 공
중 곡예까지, 또한 이러한 공연을 뒷받침하는 변화무쌍한 무대 연출

과 특수 분장을 보면서 180달러가 전혀 아깝지 않다는 생각을 했다.

라스베이거스 3대 쇼인 오쇼(O Show), 카쇼(Ka Show), 르레브쇼(Le Reve Show). 그 외에도 블루맨 쇼나 19금인 성인 쇼, 마이클 잭슨 쇼 등 많은 쇼가 있지만, 앞의 세 쇼는 가히 압도적이다. 오쇼가 물로 이루어진 공연이라면 카쇼는 불, 르레브쇼는 물과 불을 동시에 운용한다. 쇼(Show)의 도시, 라스베이거스. 길거리의 티켓 부스에 가면 그날 미처 팔지 못한 티켓을 반값에 내놓으니, 라스베이거스에 가면 쇼 하나쯤은 반드시 보자.

무척 감명 깊게 봤는지 기념품 가게를 또 안 갈 수 없다. 나는 원래 여행을 하면서 기념품을 잘 사지 않는 스타일이지만 어제오늘만큼은 기념품을 사지 않을 수 없었다. 라스베이거스의 밤을 맞으며 다시 룩소 호텔로 돌아왔다. 금요일 밤인데도 사람은 많이 없었다. 하룻밤만 묵게 되는 라스베이거스 여행에 대한 아쉬움을 느끼며 '다음에 꼭 다시 와야지.' 하는 다짐과 함께 잠이 들었다.

그랜드캐니언과
브라이스캐니언

죽기 전에 반드시 가야 할 곳.
거대하고도 웅장하다.

:: 영화의 단골 소재로 등장하는 후버댐 ::

아침 일찍 '맥모닝'을 하나씩 사 들고 후버댐(Hoover Dam)으로 출발했다. 영화의 단골 소재로 등장하는 후버댐. 그랜드캐니언(Grand Canyon) 가는 길에 있어서 부담 없이 경유지로 정했다.

라스베이거스에서 50분이면 도착할 수 있었다. 도로를 따라 차로 달리다 보니 어느새 댐을 지나 주차장이 보였다. 사람이 없어 편안하게 주차하고 나왔다. 비가 조금 내리고 있었다. 조금 전에 산 햄버거를 들고 댐 위를 걸었다.

오른쪽으로는 댐에 의해 막혀 있는 콜로라도 강이 있었고, 왼쪽으로 220m 아래의 댐 하부가 보였다. 영화에서는 후버댐 안에서 군사

▌후버댐 위의 콜로라도 강, 후버댐의 벽, 마이크 오 칼라한 – 팻 틸만 기념 다리

기밀 정보를 감추어 두거나 외계인이 출몰한다. 영화는 현실에 있을
만한 일을 기반으로 만드는 법. 실제로 이 안에 엄청난 군사 기지나
외계인이 있을지도 모른다는 생각에 나는 댐의 구석구석을 훑어보았
다. 몇 군데 의심스런 곳이 있었지만, '관심을 가지면 납치될지도 모
른다. 관심 꺼야지….' 싶었다. 저 멀리 절벽을 잇는 다리가 보였다.
'저 다리도 많이 본 것 같은데….'

　미리 예약하면 댐 내부도 볼 수 있다고 했다. 예약하지 않고 아침
일찍 온 우리에게는 해당 사항이 없다. 좌우로 한번 슥 둘러본 후 다
음 목적지로 출발.

　:: 구름 가득한 그랜드캐니언은 처음이지? ::

　구글 맵스를 따라 4시간 정도 달렸을까. 차들이 쌩쌩 달리는 고속
도로(freeway)에서 샛길로 빠져나와 언덕으로 올라갔다. 국립공원 게
이트(gate)가 나왔고 영진이에게 빌린 'Annual Pass' 티켓을 내밀었

　　　　　　　　　　　　낯선 곳이 나를 부를 때

❙ 호피 포인트, 모하비 포인트, 어비스

다. 직원은 웃으면서 우리에게 지도를 줬다.

가장 먼저 관광 안내소(visitor center)부터 갔다. 그랜드캐니언의 역사에 대한 설명과 함께 서식 동물들이 박물관처럼 전시되어 있었다. '음, 이제 어디로 갈까?' 지도상 오른쪽보다 왼쪽에 '호피 포인트(Hopi point)', '피마 포인트(Pima point)' 등 뷰 포인트가 더 많았다. '왼쪽부터 가야지.'

그랜드캐니언 빌리지를 지나 왼쪽으로 쭉 갔다. 가다가 '호피 포인트'에 내렸다. 그런데 안개인지 구름인지 모를 자욱한 흰 구름이 우리 앞을 전부 가로막고 있었다.

우리가 디디고 있는 땅 외에는 온통 하얀색뿐이다. 얼마 전에 친구가 그랜드캐니언에 갔다 왔는데 눈이 와서 온통 흰 것만 보고 왔다고 했다. 거기까지 가서 그게 뭐냐고 깔깔 거리며 웃었는데, 지금 내가 딱 그 상황이다. 어이가 없어서 한동안 멍하니 서 있었다. 바람까지 부는지, 내리는 비가 내 얼굴을 때렸다. 그러던 중 한쪽에서 구름이

걷히는 모습이 보였다.

시간이 지날수록 비는 그치고 구름이 사라지고 있었다. '이때다!' 싶어 얼른 카메라를 꺼냈다. '와! 장관이다.' 내 앞으로 깊고 넓은 협곡이 보이기 시작했고 억겁의 시간을 거친 듯 지형이 알록달록한 단층을 이루고 있었다. '이야. 이게 그랜드캐니언이구나.' 그랜드캐니언은 이렇게 자신의 얼굴을 살짝 보여 주고 나서 다시 구름으로 자신을

낯선 곳이 나를 부를 때

| 피마 포인트

가렸다.

　잠깐이지만 그래도 봤다는 생각에 위로가 되었다. '구름 때문에 잘 안 보이겠지만 바로 옆의 포인트에도 가 볼까?' 조금 더 가니 모하비 포인트(Mohave point)라고 적힌 곳이 나왔다. 구름이 짙게 깔렸을 줄 알았는데 오히려 걷히고 있었다. 신이 났다. 같은 협곡이지만 다른 각도에서 보니 또 다르게 보였다. 잠시 후에 구름이 완전히 걷혔다. 저 끝에 육안으로 안 보일 정도로 협곡이 이어져 있었다. 맑은 날 혹은 노을 질 때 보면 더욱 아름다울 것 같았다. 조심조심 협곡 주위를 조금 더 걸어 보았다. 절벽에 매달려 있는 바위와 나무들이 운치를 더하고 있었다. 거대하고 웅장했다.

　계속해서 이동했다. 이름 없는 난간, 어비스(The Abyss), 그리고 피마 포인트(Pima point)까지. 구름은 걷혔다 생겼다 반복되었는데, 다행이 우리가 차에서 내릴 때마다 걷혔다. 굉장한 운이다. '이 정도면 충분히 본 것 같다.' 우리가 본 곳은 모두 사우스 림(South Rim)이다. 노스 림(North Rim)도 있다고 하는데 여기서 만족하고 다음 행선지로 이동했다. 그랜드캐니언 위에는 브라이스캐니언(Bryce Canyon)이 있다. 내일 볼

┃ 그랜드 뷰 포인트

┃ 데저트 뷰 워치타워

낯선 곳이 나를 부를 때

예정이기에 오늘 이동해야 일정이 착착 맞아떨어진다.

한국에서는 캐니언(canyon: 협곡)이라 하면 주로 그랜드캐니언만 생각하지만 실제로는 그랜드캐니언과 브라이스캐니언(Bryce Canyon), 자이언캐니언(Zion Canyon)을 묶어서 관광하는 경우가 많다. 앤텔로 프캐니언(Entelope Canyon)과 그 옆에 있는 홀슈밴드(Horseshoe band) 도 인기가 좋다. 캐니언은 다 거기서 거기일 것 같지만 실제로는 각기 다른 느낌이다.

온 길과 달리 다른 방향으로 길을 나섰다. 가는 길에 보이는 그랜 드 뷰 포인트(Grand View Point)와 데저트 뷰 워치타워(Desert View Watchtower). 아주 유명한 뷰 포인트이다. 역시나 아까와는 전혀 다 른 느낌이었고, 반쯤 구름 낀 운치 있는 모습에 한동안 풍경에 빠져들 어 있었다.

어제에 이어 오늘도 꿈같은 하루를 회상하며 그랜드캐니언을 완전 히 빠져나왔다. 예약해 둔 숙소는 브라이스캐니언 입구 바로 옆에 있 었다. 5시간이면 갈 줄 알았더니 웬걸, 예상 시간이 7시간으로 나온 다. '망했다.' 까짓것 마음을 다잡고 출발했는데 어느샌가 구글 지도 검색이 안 된다. 그랜드캐니언은 미리 오프라인 지도를 다운받아 왔 기에 별 탈 없이 다녔는데 일반 도로에서도 휴대폰 데이터가 안 될 줄 은 미처 생각하지 못했던 바라 매우 난감했다.[29]

---

29 국립공원을 여행할 예정이라면, 국립공원 주위의 도시까지 모두 오프라인 지도로 저장해 와야 돌발 상 황에 잘 대처할 수 있다.

대략적인 방향은 알고 있었기에 일단 북쪽으로 출발했다. 가로등 하나 없는 칠흑의 국도만 5시간 동안 계속 이어졌다. 눈은 또 왜 이렇게 많이 내리는지…. 한참 가다가 휴게소에 들렀다. 조금 쉴 겸 휴게소 직원에게 휴대폰으로 지도 좀 볼 수 있냐고 물어보았지만 단박에 거절당했다. '아니, 지도 잠깐만 보겠다는데…. 야박하네.'

몇 시간 뒤 맥도날드가 나왔다. 이렇게 반가울 수가 없다. 문밖에 쪼그려 앉아 지도를 내려 받았다. 이제야 마음이 놓인다. '그런데 내 휴대폰은 왜 데이터가 안 되는 걸까? 맥도날드가 있는 걸 보면 여기는 이제 사람 사는 지역인데….'

밤 12시가 넘어서야 숙소에 도착했다. 숙소에서 만난 카운터 (counter)의 직원이 우리에게 따뜻한 코코아 한 잔씩을 대접해 주었다. 몸이 사르르 녹았다. 짐을 대강 풀고 나서 그대로 뻗었다.

:: 섬세한 매력, 눈 덮인 브라이스캐니언 ::

다음 날 아침, 창밖은 온통 눈이었다. '어제 하루 차를 너무 혹사시킨 것 같은데, 추워도 잘 굴러가겠지?' 어제 체크인한 숙소는 베스트 웨스턴 인(Best Western Inn). 1박에 80달러를 주고 예약했다. 처음에는 몰랐는데 알고 보니 이곳도 여러 곳에 지점이 있는 유명한 숙박업소였다. 침대, 시설 모두 깔끔하고 무엇보다 조식이 최고였다. 다양한 빵과 차, 커피와 함께 달걀, 베이컨 등 음식이 굉장히 푸짐했다. 배불리 먹고 밖을 나섰다.

5분도 채 걸리지 않아 브라이스캐니언 입구가 나왔다. 직원은 눈

때문에 뷰 포인트 2개밖에 개방하지 않는다고 했다. 개방된 뷰 포인트는 제설 작업이 잘 되어 있어 문제없이 갈 수 있었다. 인스퍼레이션 포인트(Inspiration point)에 들렀다. 눈이 너무 많이 오고 있어 주차장만 보이고 그 외엔 아무것도 안 보였다. 어제 그랜드 캐니언처럼 구름이 걷힐 기미는 보이지도 않는다. 도저히 안 되겠다 싶어 여기는 패스.

　더 가서 브라이스 포인트(Bryce point)로 갔다. 주차하고 보니 안쪽에 길이 나 있었다. 사람들도 몇몇 왔다 갔다 했다. 큰 나무가 눈꽃으로 덮여 있었다. 얼마 전에 갔다 온 알래스카를 보는 것 같았다. 하지만 여기서도 구름과 눈보라로 앞이 안 보이는 건 똑같았다. 먼 길을 왔는데 무척 아쉬웠다.

　'어제처럼 구름아 싹 밀려가라!' 하며 속으로 중얼거렸다. 그런데 10

분 뒤, 거짓말처럼 눈이 그치고 구름이 걷히기 시작했다. 와!

　일부만 보이기 시작하더니 이내 내 앞은 확 트였다. 아주 신이 났
다. 브라이스 포인트는 눈에 덮인 채 중간중간 붉은색 암벽을 드러내
고 있었다. 그랜드캐니언과는 완전히 다른 느낌이었다. 동굴 종유석
처럼 생긴 암벽이 절벽에 다닥다닥 붙어 있었다. 그랜드캐니언이 웅

　　　　　　　　　　　　　　　　　　낯선 곳이 나를 부를 때

장하고 거대한 느낌이라면 브라이스캐니언은 섬세한 느낌이었다. '남들이 흔히 볼 수 없는, 눈 덮인 브라이스캐니언', 나름의 의미를 부여하며 현재의 풍경을 눈에 담기 시작했다. 옆에 있던 다른 사람들도 감격의 미소를 지었고, 우리는 서로를 바라보면서 함께 웃었다.

내려가는 길에는 우박이 쏟아졌다. 캘리포니아의 따뜻한 날씨로부

▌브라이스 포인트

터 시작해서 비, 강풍, 눈, 우박까지. 3박 4일 동안에 참 별별 날씨다 본다.

캐니언은 투어를 통해서 오면 뷰 포인트 한두 개만 딱 보고 바로 돌아가는 경우가 많다. 제한된 시간에 이것저것 보여 주고 싶은 투어의 특성상 어쩔 수 없다. 먼 곳까지 와서, 운치 좋은 곳에서 여유롭게 있고 싶은데 그럴 수가 없다. 그 대신 투어를 통해서 오면 운전의 피로를 덜 수 있다. 원하는 대로, 상황에 맞는 대로, 여행 일정을 조정하면 좋을 듯하다.

다시 9시간의 운전 후에 샌디에이고로 돌아왔다. 평생에 한 번은 가야 한다는 그랜드캐니언. 그 말에 충분히 공감한다.

낯선 곳이 나를 부를 때

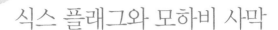

식스 플래그와 모하비 사막

스릴을 느끼고 싶은가?
더욱더 강한 자극을 원하는가?
식스 플래그로 가라!

:: 롤러코스터의 성지, 식스 플래그로! ::

미국에 처음 갔을 때부터 꼭 한번 가 보고 싶었던 놀이 공원인 식스 플래그(Six Flags) 매직 마운틴. '가야지, 가야지.' 말로만 하다가 결국 흐지부지될 줄 알았다. 드디어 결단을 내렸다! 일정은 토요일과 일요일 1박 2일. 토요일은 영진이와 식스 플래그에서 저녁까지 놀고, LA 친구들과 밤에 이동해서 일요일에 모하비 사막을 보기로.

식스 플래그는 처음부터 갈 마음이 있어서 인터넷을 통해 알아보았기에 결제와 티켓 선택을 비교적 쉽게 하였다. 데일리 티켓(Daily Ticket)은 84.99달러로 자유이용권이다. 한국 놀이 공원의 빅3, 빅5와 같은 티켓은 없다. 만약 일주일 전에 인터넷으로 티켓을 구매한다면 59.99달러에 살 수 있다. 1년 시즌 패스(Season Pass)는 84.99달러로, 1년 동안 무제한으로 입장이 가능하다.

나와 영진이는 일주일 또 미루느니 그냥 시즌 패스를 사서 이번에 가고 다음에도 또 가기로 했다. '아직 3~4개월 남았는데 한 번은 더 가겠지….'

역시 뭐든지 하려면 돈부터 써야 한다. 놀이 공원 티켓 하나에 84.99달러, 통 크게 질렀다. 목돈이 나가니 속은 좀 쓰렸지만, 또다시 흐지부지될 것 같던 식스 플래그가 이제 좀 명확해진 것 같다.

식스 플래그는 LA에서 북쪽으로 가야 한다. LA 다운타운에서는 약 45분 정도 소요된다. 친숙한 I-5 고속도로를 타고 가다 보니 롤러코스터들이 하나둘씩 보이기 시작했다. 낯선 땅에서의 초행길은 언제나 고생이다. 사실 운전이 크게 힘든 것은 아닌데 길을 제대로 찾기 위해 더욱 많은 집중을 해야 하기 때문일 것이다.

식스 플래그 정문과 함께 게이트가 보였다. 게이트에서는 주차비 20달러를 내라고 한다. 원래 자유이용권과 주차비는 별도이지만 20달러를 추가로 내려고 하니 배가 아프다. 정문에서는 사람이 별로 없어 보였는데 주차장으로 들어가니 소름이 끼칠 정도로 차들이 많았다. 넓은 공간에 차들이 빼곡히 따닥따닥 붙어 있었다. 가까운 곳을 찾아 재빨리 차를 대 놓고 정문으로 갔다. 얼마 만의 놀이 공원인지…. 롤러코스터(roller coaster) 레일 모양의 정문이 보였다. 그 밑에는 매표소와 몸수색 후 지나갈 수 있는 검색대가 있었다. 미국에서는 몸수색이 아주 흔한 일인 듯하다. 공항에서나 볼 수 있는 장비들을 유

▌'놀이공원이다. 설렌다!'   ▌식스 플래그 매직 마운틴 시작!

명한 테마파크(Thema park)에서도 쉽게 볼 수 있으니 말이다.

　인터넷에서 티켓을 샀다면 검색대를 지나 바로 입장하면 된다. 들어가며 시즌 패스를 샀다고 말하니 카드로 바꾸어 주었다. 동시에 지문 등록도 했다. 옆의 다른 사람들을 보니 시즌 패스 티켓을 가지고 있는 사람들은 들어올 때 카드의 바코드를 찍는 동시에 지문을 찍는 듯했다. 이제 진짜 식스 플래그의 시작이다.

　'어디로 갈까, 어디로 갈까?' 하다가 표지판이 많이 가리키는 쪽으로 먼저 갔다. 원래 낯선 땅에 가면 지도부터 받아서 보면서 다니는데 이번에는 그럴 기회를 놓쳤다. 그냥 눈에 보이는 것, 재밌어 보이는 것을 위주로 타기로 했다. 걷다 보니 좀 재밌게 생긴 롤러코스터가 하나 보였다. '어떤 것인지 잘 모르겠지만 아직 시간이 많이 있으니 이것부터 타 볼까?' 해서 이름도 모른 채 줄부터 섰다. 약 1시간쯤 기다렸을까. 우리 차례가 왔다. 롤러코스터가 멀리서는 잘 보이지 않았지만 가까이 오니 어떤 구조인지 대략 감이 잡히는 듯했다. 급출발로 시작해서 바로 360도 회전. 그 뒤로는 안 보였다. '설렌다. 이왕 타는 거 제일 스릴감 있는 첫 번째 자리나 제일 끝에서 타고 싶다.' 했는데 운 좋게도 우리는 제일 마지막 좌석에 앉았다.

:: 1시간의 기다림은 양반, '풀 스로틀' ::

좌석에 앉아서 출발 준비를 하는 동안 밖의 조종석에 앉아 있는 사람이 'How are you?'부터 시작해서 장난기 있게 대화를 이어 갔다. 그리고 뭐라 뭐라 떠드는 중에 급출발. 엄청나게 빠른 출발이었다. '우와아아아악!' 몇 바퀴 회전을 하고 정신이 없던 와중에 터널로 들어가서 갑자기 정지했다. '우와, 우와!' 하던 중에 또 뒤로 급출발. 시작했던 코스를 되돌아서 돌아왔다. '와! 이거 뭐야, 이거 뭐지?' 1시간 동안이나 기다려 지쳤었는데 이것 하나 타고 나니 마음이 바뀌었다. 너무 재미있었다. 서로를 바라보며 감탄하면서, 우리의 표정은 한결 밝아졌다.

오기 전에 누가 그랬다. 자신이 식스 플래그에 갔을 때는 사람이 너무 많아서 놀이 기구 하나 타는 데 3시간씩 기다렸다고. 기다리면서 너무 오래 기다리니 짜증도 나고 '내가 뭐 하고 있는 건가?' 하는 생각이 많이 들었는데, 하나 타고 나면 그게 무척 재밌어서 또 3시간을 기다리게 된다고 했다. 그 말이 맞았다. 정말 재밌었다. 1시간의 기다림은 오히려 '양반'이다. '빨리 다른 거 타러 가야지.' 나오면서 우리가 탔던 놀이 기구의 이름을 알게 되었다. 그 이름은 바로 풀 스로틀(Full Throttle).

낯선 곳이 나를 부를 때

▌ 풀 스로틀, 그린 랜턴(Green Lantern), 골리앗 레일

:: 식스 플래그의 간판, '골리앗' ::

'렉스 루쏘 드롭 오브 둠'이라 불리는 자이로드롭을 탄 후 식스 플래그의 간판이라 불리는 '골리앗'을 타러 갔다. 세계에서 낙하 시간이 가장 길다는 골리앗. 기대된다. 줄을 서고 보니 영진이의 손과 이마가 축축하다. 자이로드롭이 너무 무섭다 한다. 나도 무섭긴 했지만 이 녀석은 엄살이 좀 심하다. 어디 가서 친구라 하면 안 될 것 같다.

간판 놀이 기구답게 줄이 너무 길다. '지친다.' 1시간이면 탈 줄 알았는데 30분을 더 기다렸다.

기다리고 있는 사진을 한 장 찍었는데 표정에는 '피폐함'이 확 묻어있다. 이제 거의 다 왔다. 우리는 롤러코스터의 제일 앞자리로 가서 줄을 섰다. 다른 자리보다 한두 번 더 기다려야 했지만 제일 앞에서 스릴을 느끼고 싶었다.

출발했다. 출발하자마자 한참을 올라갔다. '설렌다.' 영진이는 카메라를 꺼내 들어 동영상 촬영을 시작했다. 정상에 다다르고 롤러코스터는 서서히 고개를 숙이며 하강하기 시작했다. 하강, 하강, 하강이 계속됐다. '이쯤 되면 끝나야 하는데….' 했지만 끝나지 않고 계속 하강했다. 이리저리 흔들리며 골리앗은 끝이 났다. 막강하다. 누가 이름을 지었는지 참 잘 지은 것 같다. 이것 역시 1시간 반 동안 기다린 것이 전혀 아깝지 않았다.

앞서 말한 롤러코스터 말고도 아주 많은 롤러코스터가 군데군데 자리 잡고 있었다. 그리고 이들의 특색은 중복되는 것이 없이 모두 각각의 개성을 지니고 있다.

미국 항공우주연구원인 나사에서 공동개발한 'X2'라는 롤러코스터도 있고 얼굴이 짓이겨질 정도의 가속도를 지닌 '슈퍼맨'이라는 롤러코스터도 있다. 하나같이 놓칠 수가 없는 놀이 기구들이다. 그때 우리는 무척 즐거워서 막 뛰어다녔다. 초등학교, 중학교 때 학교에서 단체로 놀이 공원에 갔을 때로 돌아간 것 같았다. 공원 안에서 뛰는 사람은 우리밖에 없었다.

모하비 사막 가는 일정 때문에 식스 플래그를 나와야 한다는 것이 너무 아쉬웠다. 마음 같아선 여행을 취소하고 싶었다. 하지만 마음은 마음일 뿐…. 자꾸만 뒤를 돌아보며 식스 플래그를 나왔다. '시즌 패스 가지고 있으니 다음에 한번 더 와야지.'

하루 동안 찍은 사진과 동영상을 보며 LA 다운타운 근처로 왔다. 친구들을 태우고 모하비 사막 근처 숙소(inn)에서 하루 머물 듯하다.

골리앗 운행 영상 – 보고 싶은 사람만 보세요!

:: 맨발로 걷는 부드러운 모래 언덕, 모하비 사막 ::

눈을 뜨자마자 친구들 중 일부는 씻고 일부는 조식을 먹으러 갔다. '스크램블 에그'와 베이컨, 다양한 종류의 베이글과 머핀 등 먹을 것이 푸짐했다.

▌푸짐한 아침

이 모든 것은 공짜. '아침은 잘 안 먹지만 오늘 같은 날은 많이 먹어야지. 공짜니까. 하하.'

이제 모하비 사막(Mojave Desert)으로 출발. 제일 먼저 관광 안내소로 향했다. 지도상에 보이는 'Kelso' 지역에 있었다. 바로 옆에는 기찻길과 나무, 벤치들이 있었다. 여느 국립공원과 달리 사람들이 북적거리지 않았다.

관광 안내소에서 받은 지도에 우리가 찾던 모래 언덕이 있었다. 얼마 떨어지지 않은 곳에 'Kelso Dunes'라 적혀 있는 표지판이 보였다. 고민할 것 없이 그리로 향했다.

우리 외에 다른 일행들도 몇몇 와 있었다. 넓은 모래 언덕에 뿔뿔이 흩어져 있는 듯, 자동차만 있고 사람은 보이지 않았다. 우리도 각자 사막에 갈 준비를 하고 맨발로 모래를 밟기 시작했다. 이집트에 있는 사막처럼 사방이 모두 모래인 그런 곳은 아니었다. 유리 조각 같은 것에 의해 다치면 어쩌나 했는데 아주 부드러운 모래뿐이었다. 저 멀리 큰 언덕이 보였다. '저기까지만 가야지.'

| 모하비 사막으로 가는 길 | Kelso Dunes

　대낮이었지만, 아직 3월 초이기에 더워서 지칠 것 같지는 않았다. 선선해서 딱 좋았다. 입구에서 볼 때는 가까워 보였는데 꽤 걸었는데도 간격이 줄어든 것 같지가 않다. '여기에 신기루가 있을 리는 없겠지만, 신기루가 있다면 이런 느낌일까?' 그래도 멀리 온 것이 아까워 그대로 돌아갈 수는 없었다. '끝까지 가 봐야지.'

　크고 작은 언덕을 넘어 목표로 잡았던 큰 모래 언덕이 다가왔다. 올라갈수록 경사가 급했다. 밑에서는 거의 느끼지 못했던 바람도 점점 그 강도가 세졌다. 강한 바람을 타고 모래가 몰려와 눈과 피부를 공격했다. 매우 따가웠다. 무엇보다 눈에 모래가 들어가니 무척 괴로웠다. 또한 가파른 경사의 모래 언덕을 오르면서 발을 디뎌도 제자리걸음만 할 뿐이었다.

　　　　　　　　　　　　　　　　　　　　　낯선 곳이 나를 부를 때

언덕 정상에 올랐다. 정상에 오르니 모래가 섞이지 않은, 깨끗한 바람이 우리를 맞아 주었다. 또한 우리 주변으로 펼쳐지는 사막 전경은 덤이었다. 발 딛고 있는 언덕의 표면에서는 바람에 의해 모래가 흩날리고 있었다. 발목에서 모래의 입자가 스쳐 지나가는 것이 느껴졌다. 좋았다. '앉아서 느긋하게 라면이라도 한 그릇 먹을 수 있으면 얼마나 좋을까?'

올라갈 때는 한 걸음, 한 걸음이 힘들었지만 내려올 때는 뛰어서 내려왔다. 보폭을 크게 해서 발을 내디딜 때마다 발이 푹푹 빠지면서 약간씩 미끄러졌다. 높은 언덕에서 한번 굴러 보고도 싶었지만 나중에 온몸과 옷에 잔뜩 묻어 있을 모래가 두려워 엄두가 나지 않아 포기했다.

차에 돌아오니 다들 물부터 찾았다. 가까울 줄 알고 아무것도 없이 빈손으로 갔는데 큰 실수였다. 바람에 흩날린 모래가 몸속 구석구석 침투한 것 같다. 머리카락 속, 귓속까지 온통 모래다. 턴다고 털었지만, 샤워를 해야만 싹 없어질 것 같다. '빨리 집으로 가서 샤워해야지.'

캘리포니아에서 머무른다면, 주말에 한 번쯤 모하비 사막에 가 보는 것도 괜찮을 듯하다.

화이트샌즈

새하얀 모래와 새파란 하늘,
색다른 풍경이 보고 싶다면 화이트샌즈가 제격이다.

:: 미국 어디를 가든 여권과 비자 소지는 필수 ::

미국에 머무르는 시간이 별로 남아 있지 않은 시점. 한 주, 한 주가 아쉬운 상황에서 어디론가 가고 싶었다. 몇 달 전에 하우스 메이트인 경미가 말한 '화이트샌즈(White Sands)'라는 이름의 국립공원이 생각 났다. 구글에 찾아보니 사막인데 누런 모래가 있는 사막이 아닌 새하 얀 모래가 있는 곳이었다.

화이트샌즈는 '텍사스' 옆의 '뉴멕시코'라는 주에 있다. 샌디에이고 에서 차로 약 11시간. 걸리는 시간이 어마어마하다. 혼자선 상당한 무리가 될 것 같아 친구들을 설득했다.

가는 데 걸리는 시간이 있기에 밤에 출발했다. 지금부터 안 쉬고 달

려도 내일 점심때쯤 도착할 듯하다. 돌아가며 운전대를 잡았고 긴 시간 끝에 뉴멕시코 주에 진입했다. 분명 구글 지도에 'White Sands'를 찍고 갔는데 가는 길에 'Army(군대)'라는 글자가 자주 보였다. '제대로 가고 있는 건가….' 앞에 무언가 보이기 시작했다. 국립공원 입구 게이트가 아닌 바리케이드(barricade)와 무장한 군인이 나왔다. 차를 세웠다.

바짝 긴장했지만 우려했던 것과 달리 우리를 친절하게 대해 주었다. 뉴멕시코에 온 걸 환영한다면서, 국립공원의 정확한 위치까지 알려 주었다. 위병소를 지나 유턴(U-turn)해서 돌아가라고 했지만, 유턴할 지점을 놓치는 바람에 한 블록 더 가서 유턴해 버렸다. 바로 돌아오긴 했지만 어쨌든 민간인이 군부대에 들어와 버리게 된 것이다.

앞서 우리가 만났던 군인은 길 한가운데에 서서 우리를 지켜보고 있었다. '군사 지역은 한 발자국만 넘어가도 난리가 나는 곳인데….' 친절하게 대해 준 군인에게 미안했다.

이제 진짜 화이트샌즈에 도착했다. 관광 안내소(visitor center) 화장실에 가서 일단 좀 씻었다. 간단히 세수와 양치만 했다. '아, 개운하다.' 영진이에게 국립공원 패스 티켓이 있어 별도의 입장료 없이 모두 들어갈 수 있었다.[30]

:: 파란 하늘과 하얀 모래의 사막 '화이트샌즈' ::

입구를 얼마 지나지 않아 하얀색 모래들이 보이기 시작했다. 확실히 색다른 느낌이었다. '눈처럼 보이지 않을까?' 생각했는데 눈과는 또 다른 느낌이었다. '따뜻한 눈'이라고나 할까. 한곳에 주차를 하고 모래 가운데로 들어갔다. 사막답게 뜨거운 공기가 확 밀려왔다. 그런데 모하비 사막 때처럼 커다란 언덕은 없었다. 넓은 평야에 흰 모래와 작은 언덕이 군데군데 자리하고 있었다. 몇몇 사람들은 앉아서 탈 수 있을 만한 쟁반을 준비하여 경사가 급한 곳을 찾아 썰매를 타고 놀았다.

아주 파란 하늘이 보이고 밟고 서 있는 땅의 모래는 하얀색. 눈에 보이는 것은 흰색과 파란색밖에 없다. 햇빛은 흰 모래에 반사되어 눈이 부셨다. 선글라스를 착용하지 않으면 아마도 눈에 아주 많은 부담

---

30 성인 요금은 5달러, 어린이(만 15세 이하)는 무료이다.

┃ 새하얀 모래

┃ 화이트샌드에서 사진 한 방

낯선 곳이 나를 부를 때

이 갈 것이다.

오를 언덕도 없는데 덥다. 10시간 넘게 달려왔지만 1시간 봤더니 충분한 것 같다. 한번 와 봤으니 만족한다. 곳곳에는 바비큐(barbecue)를 할 수 있는 그릴도 있었다. '아, 삼겹살 구워 먹고 싶다….'

:: 50만 마리의 박쥐, '칼스배드 동굴' ::

뉴멕시코 주 안에 칼스배드(Carlsbad)라는 이름의 동굴이 있다. 직접 걸어서 동굴 탐험도 할 수 있고 어느 지점에서는 일몰 때, 50만 마리의 박쥐가 사냥하러 나오는 것도 볼 수 있다. 화이트샌즈에서 2시간 정도 걸린다. 우리가 갔을 땐 시간이 늦어 걸어 다닐 수 있는 동굴은 닫혀 있었다. 대신에 박쥐를 볼 수 있는 원형 테라스에는 갈 수 있었다. 테라스에 들어가는 입구에서부터 박쥐가 나오는 동안 사진 촬영이나 음식 먹는 것을 금지하는 표지판이 여러 개 보였다.

테라스는 극장처럼 되어 있었다. 원형 돔 앞에는 입구가 꽤 큰 동굴이 있었다. 박쥐는 일몰 때 나온다고 했고, 일몰 시각이 다 되어 가니 공원 관계자 한 명이 왔다. 칼스배드 국립동굴에 온 걸 환영한다고 하며 박쥐는 하루 평균 30만 마리에서 60만 마리 정도가 동굴에서 나오는 것으로 통계 결과가 나와 있다고 했다. 누군가가 전자기기를 꼭 꺼야 하느냐고 물었다. 그리고 다른 어디에선가 말하는 "Just turn off!(그냥 꺼요!)". 이어서 피식거리는 사람들. 초음파로 이동하는 박쥐들을 보호하기 위함이라고 공원 관계자는 추가로 설명해 주었다.

▌ STOP! 박쥐가 나올 땐 전자기기를 끄시오. ▌ 박쥐를 구경할 수 있는 원형 테라스

　곧이어 한두 마리씩 박쥐가 나오기 시작했다. 공원 관계자는 말을 멈추고 테라스 뒤로 갔다. 박쥐가 점점 더 많이 나오기 시작했다. 50만 마리가 한꺼번에 나오는 일은 없었고 한 무리씩 떼를 지어 나왔다. 단 한 마리도 개인 행동을 하지 않고, 회오리처럼 무리 지어 나오다가 무리별로 대형을 이룬 채 어디론가 날아갔다. 크지는 않았다. 손바닥 정도의 크기였다. 이쯤 되면 누군가는 몰래 사진을 찍지 않을까 했는데 아무도 사진을 찍지 않고 그저 눈으로만 관람했다. 나처럼 '누가 몰래 찍으면 나도 찍어야지.' 하면서 눈치를 보고 있었는지는 알 수 없지만, 결과적으로 어느 한 사람도 규정을 어기면서까지 사진을 찍지는 않았다. 성숙한 시민의식에 박수.

　크게 한 것이 없는데 해가 져 버렸다. 내일 아침에 일찍 일어나서 오늘 보지 못한 동굴의 내부를 보고 가는 것으로 계획을 세웠지만, 계획대로 될지는 모르겠다. 숙소 가는 길에 저녁거리와 술을 약간 사서 들어갔다. 내일의 계획은 까맣게 잊은 채 놀다가 하나둘씩 잠이 들었다.

　　　　　　　　　　　　　　낯선 곳이 나를 부를 때

:: Do you listen what I saying man? ::

휴. 돌아갈 생각하니 막막하다. 11시간을 또 어떻게 가야 하나.

돌아가는 길에 파이브가이즈(Five Guys)에 들렀다. 미국의 3대 버거 중 하나인 곳. 서부에는 가게가 하나도 없어서 아직 못 먹어 본 곳이다. 기본적인 햄버거, 치즈버거 등이 있었고 토마토, 샐러드 소스 등은 취향에 맞게 선택하는 구조였다. 아무것도 모른 채 영진이는

| 파이브가이즈 햄버거

치즈버거만 주문했고, 뒤에서 다른 사람들이 주문하는 모습을 어깨너머로 본 나는 요령 있게 주문했다. 그래서 영진이의 햄버거는 홀쭉했지만 내 햄버거는 두툼하다. 낄낄낄.

가격은 세금 포함 8~10달러 정도였다. 우리나라 햄버거에 비하면 비싸지만 확실히 토핑이 많다. 소고기 맛이 듬뿍 나는 게, 한입, 한입 먹으면 배가 부르는 것이 확 느껴졌다. 이름값을 하는 것 같다. 나는 살이 안 찌는 체질이라 마음 놓고 먹었지만 다른 사람은 먹으면 살이 엄청나게 찔 것 같은 느낌도 들었다.

주와 주를 이동하다 보면 중간중간 검문소가 있다. 당연하다는 듯이 차를 한곳에 세우고 국경수비대에 신분증(ID) 검사를 맡았다. 보통 신분증만 확인하지만 이번엔 우리에게 비자 서류까지 보여 달라고

했다. 비자 서류가 지금 당장 있을 리가 없었다.

당시 영진이는 유일한 신분증인 여권마저 잃어버린 상황이었다. 우리는 주의를 받았고 영진이는 휴대폰에 저장해 놓은 비자 원본 서류를 찾고 있었다.

"Hey. Do you listen what I saying man?(저기요. 내가 하는 말 듣고 있습니까?)"

열심히 비자 원본 서류를 뒤지고 있었는데 국경수비대가 자기 말을 안 듣는다고 화가 났다.

"He has his drive license. But you don't have anything. Do

낯선 곳이 나를 부를 때

뉴멕시코 주 82번 국도에서

you know what's mean? You can go to jail. I can transfer you to police directly. That is my duty!(그는 운전면허증을 가지고 있습니다. 하지만 당신은 아무것도 없어요. 이게 무슨 뜻인지 알아요? 당신은 감옥에 갈 수도 있다고요. 내가 당신을 곧바로 경찰에 넘길 수도 있습니다. 그것이 내 의무이고요!)"

이러다가 일이 크게 잘못될 수도 있겠다 싶어 죄송하다(apologize)고, 다음부터 주의하겠다고 계속 반복해서 말했다. 보스는 신상 조회를 해 본다고 하며 영진이의 한국 신분증(ID)을 가지고 사무실로 들어갔다.

그리고 돌아와서 '경찰 뭐라뭐라' 했는데 잘 이해하지 못했다. 일단 알았다고 하고 차에 돌아왔다. 말을 계속 곱씹어 봐도 무슨 말인지 모르겠다. '경찰에 무슨 보고를 하라는 건가?' 이런 것은 그냥 넘어갔다가 나중에 더 큰 문제가 생길 것 같아 다시 찾아가서 물어보았다. 하지만 돌아오는 건 짜증 섞인 답뿐이었다.

'그래, 반드시 해야 할 것이 있으면 또박또박 알려 줬겠지. 그냥 흐지부지 말하고 가라고 한 것을 보면 괜찮을 것 같다. 후우.'

오가며 운전만 24시간이다. 이렇게 운전할 일이 또 있을까. 기름값, 숙박비, 식비 다 포함해서 1인당 약 100달러 정도가 든 것 같다. 미국 자동차 여행은 이렇게 동행자가 있는 것이 좋은 것 같다.

데스 밸리

건조한 황무지, 소금의 땅과 분화구,
그리고 넓은 평원.
당신의 모험심을 자극할지도 모르겠다.

:: 죽음의 계곡, 이름 한번 살벌하네 ::

데스 밸리(Death Valley: '죽음의 계곡'이라는 뜻이며, 캘리포니아 주 남동부의 건조 분지를 말함)는 미국에서 가장 건조한 지역이다. 옛날에 이곳을 지나는 동물이나 사람들이 넓은 황무지와 더위에 의해 목숨을 많이 잃었다 하여 이와 같은 이름이 붙여지게 되었다고 한다. 그 이름 때문인지 한번쯤 가 보고 싶었다.

회사 동료와 둘이서 이곳을 여행하기로 했다. 차는 렌트할 예정이었는데, 렌트할 차의 보험비가 얼만지 몰라 일단 전화해 봤다.

"Hi. This is AVIS Rent Car."

"Excuse me. I have some questions for rent a car."

낯선 곳이 나를 부를 때

"Speaking."

"I wonder how much the insurance for Liability. I have my CDW. I need only Liberty.[대인·대물(Liability) 보험료가 얼마나 되는지 궁금합니다. 저는 자차 보험(Collision Damage Wagon: CDW)을 가지고 있어서, 대인·대물 보험만 필요해요.]"[31]

"What kind of car would you like?"

"Ah, Camry."

"What type? 4-door or coup?"[32]

"4-door."

"It's $25.64 per day for premium insurance. It cover $100,000 and….('프리미엄' 보험료는 하루 25.64달러이고, 10만 달러까지 보장이 되며….)"

"Is there basic?('기본형'도 있나요?)"

"Let me see. It's $17.30.(어디 볼까요. 17.30달러입니다.)"

"All right. Thank you."

토요일 아침, 샌디에이고 공항 옆에 있는 렌터카 센터로 향했다. 큰 빌딩에 여러 렌터카 회사들이 복합적으로 모여 있는 곳이다. 다운타운이나 다른 지역에도 렌터카 회사가 있지만 보통 오후 5시면 문을

---

31 미국에서는 이미 보험을 가지고 있다면 렌트할 때 따로 보험에 가입하지 않아도 된다. 자신의 보험을 렌터카에도 적용할 수 있다.

32 '4-door'는 문이 4개 있는 것을 말하고, 'coup'은 문이 2개 있는 것을 말한다.

닫는다. 이에 비해 공항에 있는 렌터카 회사는 24시간 이용 가능해서 좋았다. 예약한 차 수속을 밟았다.

"Hi, We have a reservation and we need an insurance for Liability.(안녕하세요, 저희 예약했고요. 그리고 대인 · 대물 보험이 필요해요.)"

"Did you buy CDW on website?[웹사이트상에서 자차 보험(CDW)에는 가입했나요?]"

"Yeah. We need only Liberity for basic.(네. 저희는 '베이직'급으로 대인 · 대물 보험만 필요해요.)"

"Oh, Do you need basic? Basic covers only $50,000 but premium covers much over than.(오, 베이직으로 하신다고요? 베이직은 50,000달러밖에 보장이 안 돼요. 하지만 프리미엄은 그보다 훨씬 더 많이 보장됩니다.)"

"It's okay. Please process to basic.(괜찮습니다. 베이직으로 진행해 주세요.)"

사고 한 번 나면 보상금으로 수천만 원, 수억 원이 그냥 깨지는 미국에서 프리미엄급 보험이 훨씬 낫긴 했지만 안전하게 운전할 자신이 있었기에 베이직급으로 선택했다. 2017년 최신형 토요타 캠리를 인수받고, 바로 출발했다. 새 차가 좋긴 좋다.

:: 데스 밸리에서의 첫 번째 뷰 포인트, 자브리스키 포인트 ::

데스 밸리로 들어가는 입구는 여러 군데가 있다. 최단 거리로 가는 방법이 있었지만 20분 정도 지체되더라도 '베이커(Baker)'라는 곳에 들러 점심을 먹기로 했다.

수십 년 전, 자동차가 없어서 마차로 다니던 시절부터 베이커 지역은 교통의 요지였다. 동서남북으로 길이 터 있었기에 여행자들과 상인들에게 쉼터가 되었고 자연히 식당과 숙소가 발전하게 되었다. 나도 라스베이거스나 모하비 사막을 갈 때, 자연스럽게 이곳을 들른 적이 있었다. 몇 번 가 보니 먹을 것도 많고 숙소도 괜찮아서 이번에는 일부러 이곳을 찾았다. 그리고 들른 곳이 판다 익스프레스.[33] 저렴한 가격으로 맛있고 배부르게 먹을 만한 곳은 여기만 한 곳이 없다. 배를 충분히 채우고, 다시 출발.

데스 밸리의 자브리스키 포인트(Zabriski point)에 도착했다. 애초 여행을 계획하며 데스 밸리를 떠올리면 막연히 생각나는 것은 황폐한 황무지뿐이었다. 그런데 좀 더 검색해 보니 몇몇 유명한 뷰 포인트가 있었다. 건조한 기후로 인해 자연적으로 형성된 지형들, 그중 하나가 자브리스키 포인트였다.

누런 황토색으로 굽이굽이 펼쳐진 언덕이, 사진으로 보던 것만큼 웅장하지는 않았다. 그래도 뷰 포인트가 상대적으로 높은 지형이라 한눈에 펼쳐지는 광경 덕분에 투자한 시간이 아깝지는 않았다. 자브리스키 말고도 다른 방향으로 아주 넓게 펼쳐진 황야와 바위가 보여

---

33 Panda Express: 중국인이 시작한 프랜차이즈 식당. 밥과 볶음면을 선택해서 담은 뒤 사이드 메뉴를 고르면 된다. 선택한 사이드 메뉴만큼 가격이 달라지며 음료를 제외한 가격은 7~9달러 정도이다.

사진 찍기에 아주 좋았다. 그런데 좀 더웠다. 오후 5시 30분에서 6시가 다 되어 가는데 공기가 아주 후덥지근했다. 아니, 후덥지근보다는 뜨겁다는 표현이 더 정확한 것 같다. 거리상으로론 캘리포니아와 먼 거리가 아닌데 이렇게 기후가 확 바뀐다는 것이 신기했다.

관광 안내소에 있는 지도를 하나 집어들고 데스 밸리 안으로 좀 더 깊숙이 들어갔다. 근처에 배드워터(Bad Water)와 데빌스 골프 코스(Devil's Golf Course)가 있었다. 모두 다 주요 명소들이다. 거리도 15분에서 20분 정도로 멀지 않은 듯했다. 해가 넘어가고 있었지만 출발했다. 지나가는 길에 골든캐니언(Golden Canyon)이 보였다. 입구부터 좁은 협곡 사이로 지나가야 했는데, 뭔가 재밌어 보였다. 나중에 와 봐야지.

낯선 곳이 나를 부를 때

| 데빌스 골프 코스

:: 데빌스 골프 코스와 배드워터 ::

넓은 대지가 보였고 곧 데빌스 골프 코스에 도착했다. 이곳에서는 악마들만이 골프를 할 수 있다 하여 붙여진 이름이다. 소금들이 말라 붙어 만들어진 이 땅은 아주 울퉁불퉁해서 걷는 것도 편하지 않았다.

그리고 깊이 들어갈수록, 말라붙은 소금은 자연 그대로 보존되어 있었다. 기대 없이 왔는데 뜻밖에 탁 트인 시야와 함께 신기한 땅의 모습을 보게 되어 좋았다.

이어서 배드워터로 이동했다. 이곳 역시 옛날에는 바다였으나 지각 변동으로 인해 수면 위로 올라온 후, 건조한 기후 때문에 바닷물이 모두 말라 버린 곳이다. 현재는 오히려 해수면보다 86m나 아래에 있다. 북미에서 가장 낮은 지역이다. 귀가 멍해진 것 같기도 하고 기

┃ 멀리서 보면 소똥처럼 보이지만 가까이서 보면 뾰족하다.

분 탓인 것 같기도 하고…. 앞을 보니 이번에는 하얀색이 펼쳐져 있
다. 눈이 아닌 소금이다. 소금이 바닥에 그냥 깔려 있다. 밟으니 뽀드
득거린다. 사람들이 커다란 카메라와 삼각대를 들고 걸어가는 모습도
보였다. '뭘 찍으려고 저 장비들을 가지고 가는 걸까?'

　한 번 쓱 둘러보니 다 본 것 같다. 해는 이제 완전히 들어갔고 불빛
하나 없는 이곳은 점점 검은색으로 변해 갔다. 밖은 깜깜해지는데 공

　　　　　　　　　　　　　　　　　　　낯선 곳이 나를 부를 때

▌배드워터

▌배드워터

기는 아직도 후덥지근했다.

:: 검은 땅, 우베헤베 크레이터 ::

'어디에서 잘까' 의논하던 끝에 우베헤베 크레이터(Ubehebe Crater) 뷰 포인트에서 자기로 마음을 모았다. 꽤 멀어 보이는데 밤에 시간도 많고, 내일 이동 시간도 줄일 겸 지금 가면 딱 좋을 것 같다. 그런데 거기서 자도 되는지가 문제였다. 혹시나 공원 관리자가 와서 나가라고 할지도 모르는 일이었다. '뭐라 그러면 별 보고 있다고 하지 뭐….'

데스 밸리의 비교적 북쪽에 위치한 우베헤베 크레이터로 가는 길은 온통 새카맸다. 오는 차, 가는 차를 막론하고 인적이 너무 없었다. '한 치 앞이 안 보인다'는 말이 이럴 때 쓰는 것 같다. '이렇게 사람 없고 조용한데, 오늘 밤 쫓겨날 일은 없으리라.'

약 1시간 후, 드디어 목적지에 도착한 듯했다. 넓지 않은 주차장에 차를 대고 밖으로 나왔다. 밤하늘의 별빛 말고는 눈에 보이는 게 없다. 내가 상상했던 마구 쏟아지는 그런 별은 아니었고 그저 적당히 많이 있는 정도였다.

생수로 대충 얼굴만 씻고 차에 누웠다. 차 안에서 몸을 구겨서 자고 있는데, 어느 순간부터 차에 한기가 도는 것 같았다. 움직이기 싫어서 참고 누워 있으려 했지만 너무 추웠다. '내 이럴까 봐, 미리 집에서 이불을 가져왔지. 후후후.' 이불을 꺼내기 위해 트렁크를 열려고 밖으로 나왔는데, '와아!' 하늘에 엄청난 별들이 쏟아지고 있었다.

정말 빈자리를 찾기 힘들 만큼 반짝거리는 별들이 무작위로 이어져 있었다. 알래스카에서 본 별보다 훨씬 더 많았다. 지평선 근처에는 뿌연 연기 같은 게 별들을 감싸고 있었다. 처음에는 '구름인가?' 했지만 구름치고는 뭔가 묘했다. 은하수 같다. 은하수를 한 번도 본 적이 없었지만 직감적으로 알 수 있었다. 마냥 신기했다. '은하수가 있으면 교과서에서 보던 성운도 있지 않을까? 그런데 못 찾겠다.'

추운 것도 잊은 채 한동안 하늘만 바라봤다. 사람들이 데스 밸리에 별 보러 많이 온다고도 했는데 그 이유를 알 것 같았다. 옷을 껴입은 뒤 잔잔한 클래식 음악을 틀고 차에 기댔다. 현재 시각 새벽 3시. 아무도 방해하지 않는 나만의 시간이다. 사진으로 담고 싶었지만 렌즈가 좋은 카메라가 아닌 그저 휴대폰 카메라이기에 그 아름다운 광경을 모두 담을 수가 없었다. 혼자 보기가 아까웠다.

차 안에서 이불을 덮고 비교적 편안하게 잠을 청했다. 다리가 저렸지만 이미 적응되어, 내 잠을 방해하진 못했다. 서서히 여명이 밝아왔다. 계속 웅크려 있고 싶었지만 동트는 시간에 화산 분화구가 보고 싶어 힘겹게 밖으로 나왔다.

낯선 곳이 나를 부를 때

▌우베헤베 크레이터

▌검은 땅

우리가 주차한 곳 바로 앞에 화산 분화구가 있었다. 절벽처럼 밑으로 푹 꺼진 분화구였다. 어제 어두운 것을 무시하고 걸어 다녔더라면 자칫 추락할 뻔했다. 이 분화구도 오랜 시간을 겪은 듯 색색의 지층이 몸을 드러내고 있었다. 분화구를 제외한 부분은 검은색 땅이 지배하고 있었다.

검은 땅 곳곳에는 몇몇 초록색 식물들이 자라고 있었다. 검은색과 초록색, 그리고 황금색의 햇빛. 전혀 어울리지 않을 것 같은 색깔들이 한데 모여 아름다움을 만들어 내고 있었다. 그 어디에서도 못 볼 것 같은 지형이었다. 분화구 주위로 도보 코스가 만들어져 있었다. '잠깐 걸어 봐야지.' 위로 올라가니 옆에 작은 분화구도 보였다. '언제 폭발한 걸까?' 언젠가 살아 움직이는 용암도 한번 보고 싶다.

:: 골든캐니언과 사막을 지나 로즈 피크로! ::

다시 데스 밸리 중간에 있는 관광 안내소로 발길을 돌렸다. 돌아가는 길에 만난 풍경은 책에서 보던 미국의 모습이었다. 넓은 황무지와 잘 포장된 아스팔트 1차선 도로. 이른 아침이라 우리 말고는 차도 없었다.

관광 안내소에 있는 화장실에 들러 간단히 세수와 양치를 했다. 머리를 못 감는 게 조금 아쉬웠지만, 이 정도면 감지덕지. 어제 배드워터 가는 길에 본 골든캐니언에 가 보기로 했다.

영화 「반지의 제왕」에 나오는 협곡처럼 바위 계곡 사이로 길이 나 있었다. 그랜드캐니언이나 브라이스캐니언과는 스케일(scale)이 비교

낯선 곳이 나를 부를 때

▌ 데스밸리의 어느 길 위에서

▌ 골든캐니언

도 안 될 정도로 작았지만 그래도 나름대로 분위기가 있었다. 협곡을
따라 쭉 가면 자브리스키 포인트가 나오는 듯 보였다. 조금 보고 다시
차에 올랐다.

　다음 목적지는 사막. 아침 일찍 일어나서 움직인 덕에 시간을 많이
절약했다. 볼 것 다 보고 집에 가서 좀 쉬다가 잘 수 있을 듯했다. 사
막도 관광 안내소에서 그리 멀지 않았다. 모하비에서 본 모래 사막보
다 훨씬 넓고 큰 것 같았다. 사막을 한번 봐서 그런지 큰 감흥은 없었
다. '어, 사막이네….' 하는 정도.

　'그래도 데스 밸리 사막 한번 밟아 봐야지.' 하는 생각에 길을 나섰
다. 저 끝에 언덕이 보인다. 양쪽으로 바람을 세게 맞았는지 언덕 꼭
대기는 뾰족해 보였다. '저기 찍고 와야겠다.' 해가 뜬 지 얼마 안 되
었는데도 모래는 벌써 뜨거워진 듯했다. 맨발이 편해서 맨발로 걷고
있었는데 너무 뜨거워서 안 되겠다. 그런데 회사 동료는 사막을 마구
뛰어간다. '저거저거…. 평소에 마라톤 한다고 하더니 너무 무리하는
거 아닌가.'

▌ 데스 밸리의 모래 언덕 − Mesquite Flat Sand Dunes

　역시 길은 눈에 보이는 것보다 멀었다. 그리고 날씨가 너무 더웠다. '모하비 때는 안 더웠는데….' 이곳은 더위와의 싸움이었다. 그리고 땅벌 한 마리가 내게 달라붙었다. '이놈 되게 거슬린다.' 윙윙거리면서 움직이는 내내 나를 따라왔다. 가만히 있으면 쏘일 것 같아 팔로 계속 휘저었더니 나중에는 팔이 아프기까지 했다.

　땅벌과 싸우는 사이 어느새 정상에 도착했다. 아주 뾰족할 것 같던 언덕은 이미 여러 사람이 지나가서 약간 무뎌져 있었다. 언덕 측면의 경사가 심해 발을 잘못 디디면 굴러떨어질 것 같았지만, 모래로 이루어져 있어 그런 불상사는 일어나지 않았다. 그저 발만 푹 빠질 뿐이었다. 영화에서 보면 사막의 큰 모래 언덕 위로 사람들이 줄지어서 걸어가곤 한다. 나도 한번 따라해 본다. 후후.

　　　　　　　　　　　　　　　　　　낯선 곳이 나를 부를 때

차로 컴백. 이대로 집으로 돌아가려니 아쉬움이 남았다. 돌아가는 길에 있는 로즈 피크(Rose Peak)로 방향을 잡았다. 중간에 매점이 있기에 들렀는데, 기념품과 커피, 빵, 과자 등의 먹을거리를 팔았다. 시원한 오렌지 주스를 사서 마시는데 한국 컵라면 '육개장'이 보였다. '와…. 이런 곳에도 육개장 컵라면이 있다니.' 신기할 따름이었다. 알래스카 외진 편의점부터 황무지 한가운데까지 한국의 육개장 컵라면이 있다. 배가 살짝 고팠지만, 이 날씨에 컵라면을 먹으면 후회할 것 같아 주스로 목만 축였다.

로즈 피크 가는 길에 산을 하나 넘어야 했다. 넘자마자 주위가 온통 산으로 둘러싸인 광대한 평야가 나타났다. 누런 땅 위에 풀들이 듬성듬성 있었다. 알록달록한 꽃밭처럼 예쁘지는 않았지만 탁 트인 시

▌로즈피크 가는 길　▌Emigrant Canyon Road - 로즈피크에서 나오며

야가 있어 매력적인 풍경이었다. 데스 밸리는 짧은 거리라도 위치마다 테마가 확 달랐다. 소금 땅, 화산, 사막, 황무지, 그리고 풀과 꽃이 무성한 평야. 한 이름을 가지고서 이렇게 달라도 되나 싶을 정도였다. 계속 쭉 들어갔다.

'지도상으로는 다 온 것 같은데….' 아무리 봐도 차로는 갈 수 없는 길처럼 보였다. 로즈 피크는 트레킹(trekking)을 해서 가는 곳인 듯했다. 이름이 예뻐서 왔는데 포기해야 했다. 모래 언덕을 한바탕 정복하고 난 뒤라 그런지 더욱 걸을 기운이 없었기에…. 그래도 시원한 풍경을 봤으니 이것으로 만족한다.

이제 집으로 차를 돌린다. 토요일부터 일요일까지, 아주 알찬 1박 2일이었다. 볼 것 다 보고, 할 것 다 하면서 경비는 100달러로 저렴하게. 매우 만족스럽다.

　　　　　　　　　　낯선 곳이 나를 부를 때

샌프란시스코

미국 서부 여행의 꽃,
수많은 영화의 배경이 된 이곳은,
많은 사람들이 찾는 이유가 분명히 있다.

:: 여행은 예약을 꼭 하고 다닙시다! ::

물가만 비싸고 다른 곳과 별다를 것이 없다고 들었던 샌프란시스코
(San Francisco). 별생각 없이 생활하다 못 가 보고 한국에 올 뻔했다.
'그래도 세계적으로 유명한 도시인데 한번은 가 봐야 하지 않겠나.'
하는 마음에 항공권을 알아보았다. 여행 두 달 전에 왕복 170달러로
비행기 좌석을 예약했다. 토요일 오전에 샌프란시스코에 도착해서,
일요일 밤 샌디에이고로 돌아오는 1박 2일의 여정이었다.

유럽 여행 이후로 처음 혼자 하는 여행이다. 1박 2일 일정이라 짐
도 작은 백팩 하나뿐. 가벼운 몸과 마음으로 큰 계획만 대강 세웠
다. 앨커트래즈 섬(Alcatraz Island), 피어 39(Pier 39), 롬바드 스트릿

■ 마켓플레이스 앞 엠바카데로 거리

(Lombard Street), 금문교(Golden Gate Bridge), 이 정도.

미국은 도시마다 지하철과 버스의 이름이 다르다. 시애틀은 링크 (Link), 샌디에이고는 트롤리(Trolley), 샌프란시스코는 바트(Bart)라 고 부른다. 샌프란시스코 공항 도착 후, 바트를 타고 다운타운 쪽으 로 갔다. 도착역을 미리 설정하고 티켓을 샀는데 7달러가 넘었다. '이 야…. 물가 좀 보소. 공항에서 다운타운까지는 조금 거리가 있다고 하지만 지하철 편도에 7달러는 좀 심하지 않나?'

엠바카데로(Embarcadero) 역에 내렸다. 지상으로 올라가니 경제구 역으로 지정된 커다란 건물들이 나를 둘러싸고 있었다. 바로 앞에 바 다가 있었고 피어(Pier: 부두)들이 각자의 번호를 가진 채 줄지어 있었 다. 큰길 끝에는 마켓플레이스(marketplace: 장터)가 있었다. 마켓플

| 앨커트래즈 섬 모형

레이스 안에는 아기자기한 가게들이 치즈, 빵, 커피 등을 팔고 있었
다. 블루 보틀(Blue Bottle)이라는 유명한 카페를 인터넷에서 본 적이
있는데, 바로 이곳에 위치해 있었다.

위쪽으로 걸었다. 앨커트래즈 섬(Alcatraz Island)으로 가는 크루즈
가 정박해 있는 피어가 있었다. 앨커트래즈 섬은 수십 년 전, 미국의
흉악범들이 수용되었던 미국 연방 교도소이다.

섬을 둘러싼 바다의 수온이 낮고 조류가 빨라 배를 이용하지 않고
는 탈옥이 아주 힘든 곳으로 유명한 지역이었다. 실제로 탈옥수가
1~2명 정도 있었으나 이들도 실종된 채 생사가 알려지지 않았다고
한다.

나는 앨커트래즈를 영화 「더 록(The Rock)」에서 알게 되었는데, 영

화를 아주 재밌게 본 터라 두 번, 세 번 보기도 했다. 그래서 샌프란 시스코 여행에서, 앨커트래즈를 1순위로 꼽았었다. 피어 바로 앞의 매표소에서 다른 사람들을 따라 줄을 서 있는데, 갑자기 매표소 직원 이 티켓이 다 팔렸다고 한다.[34]

"What? Sold out?(네? 매진이요?)"

"I'm sorry. Next ticket is on Monday.(죄송합니다. 다음 티켓은 월 요일에 있습니다.)"

며칠 전부터 예약을 할까, 말까 엄청나게 고민하다가 귀찮아서 미 뤘는데…. '아, 이런 낭패가 있나. 다른 건 몰라도 앨커트래즈는 꼭 가고 싶었는데….' 티켓 예약은 꼭 하고 다닙시다!

:: 샌프란시스코의 명물, 피어 39 ::

기운 빠진 채 위로 계속 올라갔다. 좀 걷다 보니 나오는 피어 39. 유명한 부둣가답게 음식점과 기념품점들이 즐비해 있었다. 해안 도 시답게 해산물을 이용한 음식점이 많았다. 사람이 많은 레스토랑에 갔는데 테이블에 앉지 않더라도 포장만 할 수 있는 창구가 있었다. 메뉴는 주로 햄버거와 샌드위치였고 고기가 아닌 연어나 새우가 들 어간 메뉴가 있었다. 그중 눈에 띈 '프레시 새먼 버거(Fresh Salmon Burger)'. 가격은 12~13달러였다.

---

34 앨커트래즈 티켓: 성인 1인당 37.25달러. 보통 오후 1시 전에 30분 간격으로 크루즈가 있으며, 그 이후 에는 운행하지 않는다.

빵 사이에 생연어가 있을 줄 알았는데 동그랑땡처럼, 채소와 함께 또 다른 식재료가 혼합되어 부침개처럼 나왔다. 맛은 그저 해산물 맛. 나쁘지는 않았는데 12~13달러를 주고 먹

▌ 피어 39

기에는 돈이 아까웠다. 한번 먹어 본 것으로 만족한다.

상점들을 지나고 나니 사람들이 빼곡히 모여 있었다. 뭔가 싶어 가서 보니 물개들이 있었다. 바다 위에 뗏목처럼 나무판자들이 떠 있었고 그 위에 물개들이 올라가서 쉬고 있었다. 낮잠을 자는 물개도 있었고 자리싸움으로 서로 으르렁대는 물개들도 있었다. 사람들은 신기하다고 열심히 구경하고 있었으나 나는 샌디에이고에 있으면서 물개를 많이 본 터라 한 번 보고 지나갔다.

해안을 따라 걷다 보니 또 번잡한 곳이 나왔다. 광장 끝에는 '피셔맨즈 워프(Fisherman's Wharf)'라고 적힌 조형물이 세워져 있었다. 피어 39과는 다른 느낌의 음식점이 피셔맨즈 워프 옆에 모여 있었다. 대구 서문시장이나 부산 중구 남포동 먹자골목 느낌이었다. 바게트에 해산물이 들어간 샌드위치를 많이 팔고 있었는데 랍스터 샌드위치, 새우 샌드위치, 게살 샌드위치 등 종류는 다양했다. 랍스터 샌드위치 하나를 사 먹으려 했는데 가격이 30달러였다. '하나 사 먹을까?' 하다가 가격을 보고 냉큼 자리를 떠났다.

바로 앞에 초록색 잔디밭이 보였다. 잔디밭 위에는 '기라델리

❚ 물개와 바다사자. 바로 코앞에서 볼 수 있다.

❚ 피셔맨스 워프의 길거리 음식점

낯선 곳이 나를 부를 때

(Ghirardelli)'라고 적힌 성처럼 생긴 건물이 있었다. '오, 저기가 말로만 듣던 기라델리인가?' 샌프란시스코의 기라델리 초콜릿은 워낙 유명한 제품이라 지금 보이는 성 전부가 기라델리 초콜릿 공장인 줄 알았다. 건물 위에 커다랗게 네온사인(neon sign)을 달아 놓은 것을 보니 틀림없어 보였다.

안으로 들어가 보니 초콜릿 가게는 두 곳이고 나머지는 다른 상점이나 호텔이 있었다. 이곳 자체는 '기라델리 스퀘어'라고 불렸다.[35] 스퀘어 중간에 분수, 벤치도 있었고, 탁구대도 놓여 있었다. 기라델리 상점에서는 초콜릿만 파는 것이 아니라 초콜릿을 이용한 아이스크림 같은 디저트도 팔고 있었다. 화려한 비주얼에 멀리서도 맡을 수 있는 달달한 초콜릿 향기. 하나 먹으려 했지만 12달러를 맴도는 가격에 발걸음을 돌렸다. 아이스크림 하나에 무슨 돈을 그만큼 쓰냐는 생각을 하면서. 하지만 지금은, 그때 먹지 않았던 걸 약간 후회하기도 한다.

:: 다운타운 돌아다니기 – 롬바드 스트릿, 시청, 코잇타워 ::

기라델리 스퀘어에서 지도상으로 남쪽으로 가면 롬바드 스트릿(Lombard Street)이 있다. 급경사로 된 꼬불꼬불한 길인데, 길 양옆으로 알록달록한 꽃이 심겨져 있다. 조경이 예쁘게 되어 있어 많은 사람

---

35 기라델리 스퀘어(Ghirardeli Square): 지금의 기라델리 스퀘어는 1965년 당시 이곳에 있던 기라델리 초콜릿 공장이 도시의 랜드마크로 지정되면서 그 이름이 붙여졌다. 초콜릿 공장은 현재 다른 곳으로 이전되었다.

들이 찾는 관광 명소이다. 가파른 언덕 위에 있지만 버스와 케이블카로 롬바드 스트릿에 쉽게 갈 수 있다. 케이블카는 1회에 7달러. 옛날 방식의 트램을 그대로 사용하고 있어 많은 관광객들이 즐겨 찾는다. 기라델리 스퀘어에서 거리가 얼마 되지 않아 나는 걸어갔다. 언덕은 매우 가팔랐다. 얼마 안 걸었는데도 밑이 훤히 보였다. 수시로 케이블카가 사람들을 가득 싣고 언덕을 오르내렸다. 부러웠다. '나도 뮤니 패스[36] 하나 사서 편하게 다닐걸 그랬나.'

숨을 헐떡이며 롬바드 스트릿에 도착했다. 관광 명소답게 사람들이 바글바글했다. 내가 갔던 당시에는 꽃이 피는 시기가 지나서인지 꽃은 없었다. 푸른색 풀과 관광객만이 꼬불꼬불한 도로 옆을 지키고 있었다. 그냥 꼬불꼬불한 길 하나, 그 길로 자동차가 다니는 것이 전부이지만 그것이 매력 있었다. 롬바드 스트릿 아래로 내려갔다. 위에서 아래를 보는 것보다 아래에서 위를 보는 것이 더 예뻤다. 분명히 육안으로 보면 예쁜데…. 사진으로는 그 아름다움이 제대로 담기지 않은 듯하다.

샌프란시스코 시청[37]으로 향했다. 관광 안내 책자에 꼭 가봐야 할 곳으로 나와 있길래…. 롬바드 스트릿에서 시청까지는 1.8마일 거리. 걸어서 가기는 꽤 먼 거리였다. 하지만 가방도 가볍고, 지나가며 다양한 풍경과 집을 구경하는 재미로 걸어갔다.

---

36 뮤니 패스(Muni pass): Bart를 제외한 버스, 전철, 케이블카를 지정된 기한 내 무제한으로 이용할 수 있는 티켓. 1일 22달러, 3일 33달러, 7일 43달러로 구성되어 있다.

낯선 곳이 나를 부를 때

▌롬바드 스트릿

▌러시안 힐에 있는 다양한 집

　시청은 유럽에서 볼 수 있는 건물 양식이었다. 전통 있는 궁전 분위기가 느껴졌다. 유럽에 가 보지 않은 사람들은 흔히 볼 수 없는 건물 디자인이 흥미로울 듯하다.

　시청 앞으로는 이상한 나무들이 광장 양옆을 따라 정렬되어 있었다. 그리 높지는 않은데 나뭇가지들이 마치 무기를 든 사람 같았다. 저 멀리서 본다면 시청을 지키는 근위병처럼 보일 듯했다.

　많이 걸었더니 좀 지친다. 종일 밖에 있었더니 얼굴도 화끈거린다. '이제 숙소로 가 볼까?' 70달러가 넘는 호스텔이 많았지만 세금 포함 47달러 정도인 저렴한 호스텔을 찾았다. 유니언 스퀘어(Union Square) 옆에 있었기에 위치도 마음에 들었다.

　숙소로 가는 길, 시청이 코앞이고 다운타운 바로 밑의 큰 대로인데 사람들의 모습이 좀 이상해 보였다. 대부분 흑인이었는데 눈이 풀려

---

37 샌프란시스코 시청(San Francisco City Hall): 대지진으로 기존의 시청이 붕괴된 후, 1915년 미켈란젤로의 산 피에트로 성당을 본떠서 지어졌다. 샌프란시스코의 주요 기관이 밀집해 있다(출처: 두산백과).

있고 좀비처럼 거리를 걷고 있었다. 그리고 풍기는 대마초 냄새. 이
따금 자기네들끼리 큰소리로 이야기를 나누었다. '무서운 거리다. 눈
마주치지 말고 조용히 지나가야지.' 정신을 바짝 차리고 호스텔로 갔
다. 시설이 약간 낡긴 했지만, 이 정도면 시애틀이나 LA에 비하면 양
반이다. 침대에 누워 있다가 잠시 잠에 빠져들었다.

　한참을 지나 사람 소리에 잠에서 깼다. 2명이 더 왔는데 인사를 나
누고 있었다. 한 명은 호주인, 한 명은 한국인. 둘 다 방금 온 듯했
다. 나도 인사를 하며 셋이서 간단히 음식을 먹고 주위를 둘러보기로
했다. 호주인이 근처에 유명한 햄버거 가게[38]가 있다고 하여 그리로
향했다. 오리지널 메뉴인 슈퍼 버거를 주문했다. 맛은 그저 주위에서
쉽게 맛볼 수 있는 평범한 햄버거였다. 맛있었지만 유명하다고 해서

특별히 더 맛있고 이런 것은 없었다.

이후 코잇 타워(Coit Tower)로 향했다. 샌프란시스코 도심의 전망을 볼 수 있는 곳이라 야경도 볼 겸, 타워 주변의 모습도 볼 겸, 겸사겸사. 이곳도 상당한 경사를 지닌 언덕 위에 있었다. 언덕 중간중간에서 내려다보는 다운타운의 모습은 꽤나 아름다웠다. 막힌 것 하나 없이 건물 사이로 끝까지 쭉 뻗은 길과 은은한 노을이 일품이었다.

공들여서 갔건만 코잇 타워의 문은 굳게 닫혀 있었다. 전망대라 늦게까지 할 줄 알았더니 오후 5시가 되면 문을 닫는다고 적혀 있었다. 타워 위에는 못 올라갔지만 밑에 있는 발코니에서 조금이나마 밤 풍경을 볼 수 있었다. 도시의 군데군데에 높은 언덕이 있었고 그 언덕을 불빛들이 촘촘히 밝히고 있었다. 금문교도 보였다. 사람들은 금문교가 그렇게 아름답다고 하는데 사실 아직까지는 잘 모르겠다. 오른쪽에 있는 다른 대교인 오클랜드 베이 브리지(Oakland Bay Bridge)가 다리 색으로나 야경으로나 훨씬 예뻤다. 어느새 주위는 완전히 어둠이 내렸고, 우리는 왔던 길을 되돌아가 다시 호스텔로 돌아갔다. 그리고 각자의 내일을 향해 눈을 붙였다.

:: 꼭두새벽부터 일어나 금문교로 가는 길 ::

꼭두새벽부터 분주히 움직였다. 후다닥 씻고 숙소를 나왔다. 아침

---

38 슈퍼 두퍼 버거(Super Duper Burgers): 샌프란시스코 로컬(local) 햄버거 가게. 가격은 8.25달러부터 시작한다.

낯선 곳이 나를 부를 때

거리는 어제와는 딴판이었다. 노숙자들이 저마다 각자의 자리에서 자고 있었다. 거리도 굉장히 지저분했다. 쓰레기가 돌아다니고 지린내가 진동했다. 잠에서 깬 노숙자들은 먹을 것 좀 달라고 나에게 말을 걸었다. 하지만 '내 코가 석 자'라….

▎이른 아침, 유니언 스퀘어 근처

근처의 버스 정류장에서 30번 버스에 탑승했다. 이 버스는 금문교를 넘어가기에 일반버스의 2배인 5달러를 달라고 했다. 얼마 안 가서 붉은색의 큰 다리가 나왔다. 나 말고도 관광객처럼 보이는 사람 몇몇이 있어서 그 사람들을 따라 내리면 되겠거니 했는데, 아무도 내리지 않았고 버스는 다리를 지나 훨씬 깊숙이 나아갔다. 이상하다 싶어서 구글 맵스를 켰더니 내가 가려 했던 뷰 포인트를 이미 한참 지났었다. 운전기사 분께 다음 정류장에 내려 달라고 했더니 '여기 아무것도 볼 것 없다고, 진심이냐'고 나에게 되묻는다.

주위를 둘러보니 확실히 1차선 도로와 산밖에 없다. 잘못 내렸다가는 인적 없는 곳에서 고립될 것 같아 조금 더 가기로 했다.

:: 금문교 위의 작고 예쁜 마을 '소살리토' ::

지도를 보니 앞에 '소살리토(Sausalito)'라는 마을이 있었다. 소살리토는 다운타운에서는 느낄 수 없는 여유로움과 편안한 분위기를 가진 마을로, 샌프란시스코를 방문한 많은 관광객들이 찾는 곳이다. 나는 크게 흥미가 생기지 않아 계획에 안 넣었었지만, 이렇게 또 우연한 기회에 방문하게 되었다.

이른 아침이라 그런지 동네가 한적했다. 조깅하는 사람들만 가끔 보일 뿐이었다. 기대를 안 해서 그런지, 아침 공기에 둘러싸인 소살리토가 더욱 아름답게 보였다.

아기자기한 카페와 레스토랑, 예쁜 기념품을 파는 가게가 각자의 개성으로 자리해 있었고 따뜻한 아침 햇살이 거리를 비추고 있었다. 평화, 여유, 이런 단어밖에 떠오르지 않았다.

해안가 바로 뒤에 언덕이 있었는데 그 언덕에 예쁜 집들이 모여 있었다. '이런 집은 한 채에 얼마쯤 할까?' 나중에 들어 보니 작은 집 아무거나 잡아도 500억 원은 될 것이라고 현지인들이 그랬다. 세계에서 내로라하는 부자가 아니면 못 살 것 같다.

해안가에는 요트들이 정박해 있었다. 언덕에 자리 잡고 있는 집들의 수만큼 요트가 있는 듯했다. 나는 평소 요트에 별 관심이 없었지만 아주 세련된 요트 한 대가 내 눈을 사로잡았다. 날렵해 보이면서도 이것저것 할 수 있는 공간이 다 마련되어 있는 것 같았다. 인생 버킷 리스트(bucket list)에 또 하나의 내용이 추가되었다. 내 이름으로 된 요트 한 대 사기.

소살리토에서 금문교까지는 거리가 먼 것 같으면서도 별로 멀지 않아 보였다. 버스가 또 언제 올지도 모르고, 소살리토 외곽에도 집이 있으니 집 구경도 하고 바다 구경도 하면서 걸어가야겠다. 구글 지도

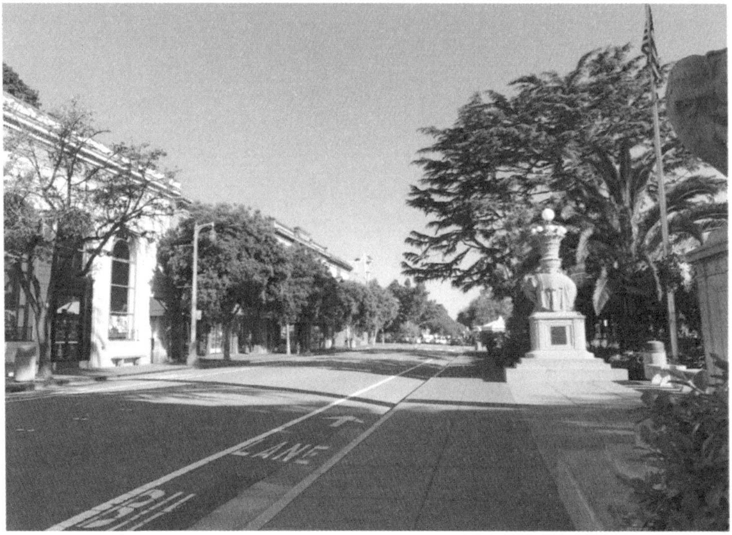

▎소살리토

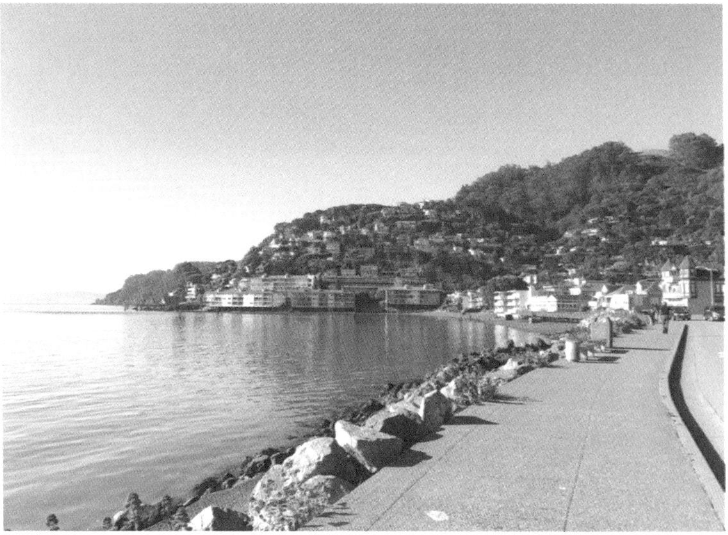

▎소살리토 남쪽, Bridgeway

로 예상 시간은 50분이 나왔으나 걸음이 빠른 편이라 35분 정도면 가지 않을까 싶었다.

공기도 좋고, 바람도 좋고, 경치도 좋은데, 오르막이 있다. 이것만 넘으면 금문교가 보일 것 같았다. 역시 생각보다는 가까웠다. 지나가는 버스가 한 대도 없었다. 버스를 기다리느니 걸어온 게 좋은 선택이었다.

낯선 곳이 나를 부를 때

:: 금문교의 비스타 포인트와 배터리 스펜서 ::

금문교의 비스타 포인트(Vista Point)로 갔다. 다리를 지나자마자 오른쪽에 있는 뷰 포인트이다. 사람들이 관광 버스를 타고 아주 많이 왔다.

한국인들도 많았다. 아시아인들은 대부분이 한국인 아니면 중국인 단체 관광객인 것 같았다. 사람은 많은데 여기서는 전망이 딱히 예쁘다는 것을 느끼지 못했다.

그늘을 찾아 어제 길을 지나가며 산 치킨 샐러드를 먹으며 에너지를 채웠다. 반대쪽에 있는 배터리 스펜서(Battery Spencer)로 향했다. 저 뒤로 돌아가야 하나 싶었는데 다행히 바로 앞에 다리 밑으로 지나가는 인도가 설치되어 있었다. 다리 왼편으로 오니 관광객은 거의 없고 자전거를 타는 사람들이 많았다. 왼편으로는 쭉 공원이 있는데 공원 길을 따라 운동하는 사람들인 것 같았다. 비스타 포인트와 달리 언덕 위로 올라가야 했다. 15분 정도 걸었을까? 배터리 스펜서로 들어가는 입구에 도착했다. 아직 뷰 포인트에 들어가기 전인데도 이곳에서 바라본 풍경만으로도 무척 예뻤다.

금문교가 예쁘다는 말을 이제야 실감했다. 오른쪽으로 푸른 언덕과 바다, 그리고 절벽이 있었고 왼쪽부터 시작해서 전방으로 붉은색 큰 다리가 두 대지를 연결하고 있었다. '거 참 절경일세.' 배터리 스펜서로 곧바로 들어가지 않고 오른쪽으로 좀 더 가 보았다. 다리의 옆면이 조금 더 잘 보였다. 다른 사람에게 부탁을 해서 사진을 좀 찍고 싶었으나 지나가는 사람이 없었다. 조깅하는 사람과 자전거 타는 사람만

▌ 비스타 포인트

▌ 금문교 뷰 포인트

낯선 곳이 나를 부를 때

지나갈 뿐이었다.

이번엔 배터리 스펜서로. 약간 더 높은 언덕이었는데, 다리가 주위의 풍경과 함께 참 예쁘게 보였다. 사실 다리만 본다면, 금문교는 그저 평범한 다리일지도 모르겠다. 하지만 바다와 푸른 공원, 그리고 뒤로 보이는 다운타운이 어우러져 지금과 같은 예쁜 장면을 연출하는 게 아닌가 싶다. 배터리 스펜서는 뷰 포인트치고는 넓었지만 사람들이 거의 보이지 않았다. 한 커플만이 벤치에서 꽁냥거리고 있었다. 분위기를 깨며 사진 좀 찍어 달라고 했다. 흔쾌히 찍어 주긴 했는데 외국인 아니랄까 봐, 사진 참 '섭섭하게' 찍는다. 그래도 찍은 것을 다행으로 생각하고 다리를 건너 돌아갈 준비를 했다.

'올 때는 차 타고 다리 건넜으니 갈 때는 걸어가야지.' 다리가 높긴 높다. '이걸 수심 깊은 바다 위에다 어떻게 만들었을까? 부품 운반도 그렇고 이 긴 거리를….' 신기할 따름이었다. 이것을 설계한 사람은 아마도 떼돈을 벌었을 것 같다.

다리를 다시 건너오니 기념품점과 작은 휴게소가 있었다. 많은 단체 관광 버스들이 여기서 멈춘 뒤 관광객을 기다리는 것 같았다. 나는 다운타운 방향의 버스를 탔다. 돈을 지불하니 운전기사 분이 분홍색 티켓을 하나 찢어 주었다. 우리나라에서 1990년대 버스를 탈 때 냈던 차표처럼 생겼었다. 자리에 앉아 티켓을 곰곰이 읽어 봤다. 티켓 구입 후 3시간 이내로는 환승이 무료라고 적혀 있었다. 원래는 티켓을 산 시간을 버스 운전기사 분이 적어 줘야 하는데 안 적고 그냥 주셨다. '히히히. 아마 오늘 온종일 타도 될 것 같다. 이럴 줄 알았으면 어

▍ 가운데 돔으로 들어가는 입구

▍ 팰러스 오브 파인 아츠. 가운데 돔형 건축물이 보인다.

낯선 곳이 나를 부를 때

제도 걷지 말고 버스 타고 다닐 걸 그랬나?'

:: 신전 같은 건축물, 팰러스 오브 파인 아츠 ::

금문교 입구 근처에 팰러스 오브 파인 아츠(Palace of Fine Arts)라는 이름의 극장이 있다. 예술에 대한 조예가 깊지 않아 어떤 시대에 유행하던 건물 양식인지는 잘 모르겠지만, 로마의 유서 깊은 건물처럼 생겼다. 공원도 함께 있어 산책하기에 좋아 보였다. 멀리 있는 것이 아니고 금문교 가는 길에 있기에 지나가면서 한번 들르면 좋을 것 같다.

팰러스 오브 파인 아츠에는 거대한 건축물과 함께 큰 연못이 있었다. 연못 가운데 있는 분수가 생동감을 더하고 있었고 오리, 백조, 자라, 잉어 등 여러 생명체가 함께 공존하고 있었다. 그중에는 수달도 보였다. 건축물 한가운데에서는 누군가가 피로연을 진행하려는 듯 자리를 마련하고 있었다. 공장에서 상품을 찍어 내듯 웨딩 예식장에서 결혼 예식을 치르는 것이 아니라 하나의 축제를 여는 것처럼 보였다. 나도 나중에 결혼을 하게 된다면 이렇게 소소한 축제처럼 하고 싶다는 생각을 하며 이곳을 빠져나왔다.

:: 대한민국 제19대 대통령 재외선거 마지막 날 ::

때마침 그날은 대한민국 제 19대 대통령 재외선거 마지막 날이었다. 재외국민들은 미리

▌샌프란시스코 대한민국 대사관

투표 사전 등록을 해야 했지만 기간이 너무 짧은 터라 미처 하지 못했다. 그래도 혹시 가능할지도 모르기에 대사관으로 무작정 찾아갔다. 팰러스 오브 파인 아츠에서 걸어갈 수 있을 만한 거리인 것 같았다.

구글 지도를 보며 걸어갔다. 조금 지나자 언덕이 하나둘 나오기 시작했다. 롬바드 스트릿(Lombard Street) 가는 길보다 경사가 더 높고 길었다. 언덕 높은 곳에 주택가가 나오고, 점점 한국인들이 하나둘 보이기 시작했다. 아마 투표 때문에 나처럼 대사관을 찾는 듯했다. 대사관은 일반 가정집처럼 생겼다. 주위 여느 주택과 비슷하게 보이는 3층 목조 건물이었다. 태극기가 걸려 있었고 현관 입구에는 '대한민국 대사관'이라는 글자가 적혀 있었다.

왠지 무척 반가웠다. 대사관 안은 한적했다. 투표소가 설치되어 있었고 10명 정도의 선거관리자들이 대기하고 있었다. 여권을 제출하고 신원 확인을 기다리고 있었는데, 담당자는 내가 사전 등록을 하지 않아 투표를 못 한다고 했다.

평소 나는 정치에 관심이 없었다. 지역구 국회의원이 누가 되든, 시장이 누가 되든 별 관심이 없었다. 하지만 이번 국정농단 사태를 보면서 정치에 조금이나마 관심이 생겼다. 내가 지지하는 후보의 지지율이 높든 높지 않든, 한 표를 던지고 싶었다. 이처럼 의지가 충만했는데 투표를 못 한다니…. 아쉬운 기색을 감추지 못하고 어떻게 다른 방법이 없는지를 물었다. 뒤에 있던 어떤 아주머니가 답했다.

"한 가지 방법이 있어요."

기뻤다. 잘하면 투표할 수 있기에…. 그런데 이어지는 아주머니의 말씀.

"한국 가는 거요!"

아주머니는 '깔깔깔' 웃으셨다. 나는 화가 목구멍까지 차올랐다. '투표한다고 땀 뻘뻘 흘리면서 먼 길을 온 사람한테 어디 할 소린가, 그게.' 씁쓸한 마음이 들었다. 여권을 돌려받고 대사관을 나섰다. 투표는 끝내 하지 못했다. 미리 등록을 하지 않은 내 잘못이지만 섭섭한 마음이 들었다. 아쉬움을 달래며 근처 가게에서 햄과 치즈가 들어 있는 베이글을 하나 사 먹고 트윈 피크스(Twin Peaks)로 향했다.

:: 샌프란시스코 전망은 쌍둥이 언덕, 트윈 피크스에서! ::

트윈 피크스는 하우스 메이트인 경미가 알려 준 곳이다. 경미 자신이 가고 싶었지만 못 갔던 곳이라서 무척 아쉬워하기에 내가 한번 가 보기로 했다. 트윈 피크스는 다운타운 기준으로 8시 방향에 있었다. 관광지들이 대부분 모여 있는 것과 달리 이곳은 살짝 떨어져 있었다. 시내 버스를 탄다면 약간 걸어야 했다.

버스는 나를 언덕 밑에 내려 주었다. 가까워 보였지만 빙빙 돌아서 올라가는 길이었기에 시간이 꽤 걸렸다. 약 40분 정도가 지나 정상에 다다르니 관광 버스와 함께 사람들이 몰려 있었다. 어젯밤에 갔던 코잇 타워보다 훨씬 좋았다. 나무에 가려 일부분만 보였던 코잇 타워에 비해 이곳은 활짝 트여 있어 상쾌했다. 샌프란시스코에서 가장 높은 언덕인 것 같았다. 야경도 이곳에서 보면 훨씬 좋을 듯하다.

정류장으로 내려가려는데 언덕이 하나 보였다. '어? 뭐지?' 내가 있

| 트윈 피크스 중 하나 | 트윈 피크스 |

었던 곳과는 달리 사람은 별로 없었으나 작고 높은 언덕이 보였다. 트윈 피크스(Twin Peaks)이면 한국어로 '쌍둥이 언덕'이라는 뜻인데, 아까 본 그 자리는 언덕은 맞지만 쌍둥이와는 거리가 멀었다.

이곳이 트윈 피크스인가 싶어 올라가 봤다. '오! 여기가 진짜 쌍둥이 언덕이구나.' 아까보다도 훨씬 높았고, 전망도 훨씬 좋았다. 조용해서 더 좋았다. 그리고 그 옆으로 내가 서 있는 언덕과 비슷한 언덕이 하나 더 있었다. 쌍둥이다. 문자 그대로 'Twin Peaks'였다. 조금 전에 갔던 곳은 단순히 주차장이었던 것 같다.

:: 탱크 힐을 지나 다시 공항으로! ::

내려가는 길, 쓸데없이 돌아가는 것이 싫어 지도를 보며 지름길로 갔다. 어떤 작은 공터를 지나갔는데 전망은 물론이고 나무와 바위의 꾸밈없는 모습이 무척이나 예뻤다. 주위는 온통 주택가였는데 그 사이에 이런 공간이 숨어 있다는 것이 신기했다. 지도를 보니 '탱크 힐(Tank Hill)'로 표기되어 있었다. 돗자리를 깔고 소풍을 즐기는 노부부

낯선 곳이 나를 부를 때

▌탱크 힐

▌쉬림프 & 게살 샌드위치

와 젊은 커플들이 무척 아름답게 보였다.

공항으로 가기 전, 피셔맨스 워프에 잠깐 들렀다. 어제 본 해산물 샌드위치가 맘에 걸려 하나는 꼭 먹어야겠다는 생각이 들었다. 랍스터 샌드위치는 터무니없이 비싸 선택지에서 지웠고, 쉬림프와 게살이 반반 들어간 것으로 시켰다. 가격은 9달러. 당장 한입 베어 물어 맛을 보고 싶었지만 비행기부터 타러 갔다.

내가 탈 비행기의 항공사는 유나이티드항공(United Airlines). 미국의 유명한 항공사이지만 연착(delay)이 아주 빈번하다. 미국에서 유나이티드항공을 7번 정도 탔는데, 한 번도 빠짐없이 적어도 1시간 이상 연착되었다. 아니나 다를까, 오늘도 어김없이 연착되었다. 내가 탈 비행기는 1시간씩 3번, 총 3시간 지연되었다. '이놈(?)의 유나이티드항공! 내가 돈만 많았어도 안 탔다.'

다음 날 회사에 들고 가서 어제 산 샌드위치를 먹었다. 그냥 그랬다. 새우나 게살 맛은 크게 안 나고 마요네즈 맛만 살짝 났다. 빵도 좀 질긴 것 같고⋯. 그저 경험 삼아 먹으면 좋을 것 같다.

요세미티 국립공원

280개가 넘는 폭포,
그리고 유네스코 세계유산,
어떤 것을 상상하든, 그 이상을 보게 될 것이다.

:: 미국인들이 가장 가고 싶어 하는 1순위 국립공원 ::

요세미티(Yosemite)[39]는 한국에서 살 때나 미국 생활 초기에는 이름
조차 알지 못했던 생소한 곳이었다. 미국에 있으면서 자연스럽게 그
이름을 접하게 되었는데, 크고 작은 280여 개의 폭포를 가진 요세미
티 국립공원은 '미국인들이 미국에서 가장 가고 싶어 하는 국립공원' 1
위에도 선정된 적이 있다고 한다.

숙소는 따로 예약하지 않았다. 지난번 데스 밸리에서 차에서 노숙

---

39 요세미티의 성수기는 4월부터 9월이다. 성수기라도 여름이 아니라면 눈 때문에 도로가 막혀 있는 경
우가 많다.

낯선 곳이 나를 부를 때

▌ 요세미티 국립공원 길 위에서

한 경험이 꽤 괜찮았기에, 숙박비도 아끼고, 별도 보고, 시간도 아낄 겸. 차에서 자는 게 약간 불편하긴 하지만 하루쯤이야 충분히 감수할 수 있었다.

기대하고 기대하던 요세미티. 금요일 밤에 영진, 영헌이와 만난 후 본격적으로 출발했다. 밤새 쉬엄쉬엄, 돌아가며 운전대를 잡으며 어느새 요세미티 바로 아래까지 왔다. 요세미티 국립공원 안은 분명 기름값이 비쌀 테니 밖에서 기름을 가득 채우고, 옆에 보이는 서브웨이 (Subway) 가게에서 배고플 때 먹을 샌드위치도 샀다.

요세미티 국립공원 역시 들어가는 입구가 여러 개 있었다. 우리는 남쪽 길을 통해 들어갔다. 입구에서 지도를 하나 받아들고 주요 명소 중 하나인 글래셔 포인트로 방향을 잡았다. 차에서 지냈더니 몸이 찌

뿌듯했다. 지나가다 보이는 화장실에 들러 간단히 씻고 다시 움직였
다. 양치 한번 하는 것만으로도 기분이 아주 상쾌해졌다.

:: '그 어떤 말로도 형용되지 않는다' 글래셔 포인트 ::

글래셔 포인트는 고도가 높은 곳에 있었다. 절벽 옆도 지나고 늪지

▌워시번 포인트

대 같은 곳도 지났다. 이어서 눈으로 덮인 곳도 나왔다. 제설 작업을
한 지 얼마 되지 않은 듯, 길 양옆으로 눈이 높게 쌓여 있었다. 5월인
데도 눈이 아직 녹지 않고 높이 쌓여 있는 걸 보니 여름에 잠깐 말고
는 길을 모두 닫는 게 비로소 이해되었다.

글래서 포인트 바로 직전, 워시번 포인트(Washburn Point)에 잠깐

들렀다. 경치가 아주 예술이었다. 하프 돔과 함께 2단 폭포가 흐르고
있었다. 자연 속에 있고 싶어 울타리에서 약간 벗어났다. 어떻게 찍
어도 예술이었다. 다른 사람들도 우리처럼 감탄을 자아내고 있었다.
이 풍경 하나만으로도 요세미티가 왜 유명한지 알 수 있었다. 이제 시
작이다. 아직 볼 것이 더 많이 남아 있다.

 글래셔 포인트에 왔다. 산 위의 눈들이 녹으면서 주차장에까지 시

낯선 곳이 나를 부를 때

냇물처럼 물이 계속 흐르고 있었다. 오른쪽으로는 하프 돔이, 왼쪽으로는 커다란 폭포가 보였다. 아래로는 뾰족한 나무들 사이사이로 꼬불꼬불한 길이 나 있었고 집들이 조금 보이기도 했다. 아래가 숙소와 캠핑장이 모여 있는 요세미티 밸리인 듯했다. 온통 초록색이었다. 높은 바위에 서서 아래를 굽어보니 아찔했다. 더 높은 곳에도 많이 있어 보았지만 깎아지른 절벽이라 그런지 더 아찔한 느낌이었다. 하지만 그 풍경만큼은 그 어떤 것과 비교할 수 없을 정도로 매우 아름다웠다.

:: 협곡 사이로 보이는 하프 돔, 터널 뷰 ::

글래셔 포인트에서 내려와 요세미티 밸리로 들어섰다. 들어서자마자 터널 뷰(Tunnel View)가 보였다. 이곳도 인기 있는 뷰 포인트 중 하나이다. 높은 계곡 사이로 하프 돔이 있었고 계곡 아래에는 뾰족한 나무들이 빽빽이 서 있었다. 오른쪽의 높은 폭포가 자칫 심심할 수 있는 이 풍경을 더욱 아름답게 장식해 주었다.

가운데 보이는 하프 돔은 등산용품 브랜드인 '노스 페이스(The North Face)' 로고의 모티브가 되었다고 한다. 터널(tunnel)처럼 하프 돔(Half Dome)이 목적지이고 양옆이 계곡으로 둘러싸여 있어 이름이 터널인지 아니면 단순히 이곳에 이르기 바로 직전 터널이 하나 있어서 그런 것인지는 잘 모르겠지만 이곳 역시 유명한 이름값을 톡톡히 했다.

계곡 깊숙이 더 들어가니 교통 체증이 기다리고 있었다. 국립공원 안인데 마치 도심에 있는 것처럼 차가 막혔다. 공원 경비원(park

┃ 터널 뷰

ranger)으로 보이는 국립공원 관계자가 사이렌을 켜고 어떤 차를 단속하고 있었다. 경찰과 마찬가지로 무장을 하고 있었다. 차 옆에는 우리 또래의 남자 세 명이 똑같은 표정과 자세로 보도블록에 쭈그리고 앉아 있었다. 경비원 한 명은 이 세 사람을 감시 중이었고 다른 경비원은 개와 함께 차를 뒤지고 있었다. 무슨 일인지 궁금했지만 알 수 없었고 앉아 있는 남자 세 명의 모습이 무척이나 처량해 보였다. 하지만 같은 표정으로 쭈그리고 앉아 있는 세 남자의 모습에 웃음을 참을 수가 없었다.

:: 신부의 면사포 같은 '브라이들 베일 폭포' ::

교통 체증은 점점 절정에 이르렀다. '근처에 유명한 거라도 있는 건가?'하고 생각하던 중에 큰 폭포가 하나 튀어나왔다. '어머, 저긴 꼭 가야 돼.' 근처에 포장된 길과 사람의 손길이 닿은 공원이 있었지만 이 폭포가 있는 곳만큼은 천연 숲으로 되어 있었다. 차를 대 놓고 폭포를 보러 가는 길, 어느 순간부터 시원한 수분이 내 얼굴을 적셨다. 계곡이 보이더니 그 위로 폭포가 보이기 시작했다. 폭포의 물줄기는 땅에 부딪히며 가루처럼 공중에 뿌려졌다. 이름은 브라이들 베일 폭포(Bridal Veil Falls). 한국어로 하면 '면사포 폭포'이다. 바람에 흩날리

낯선 곳이 나를 부를 때

▌브라이들 베일 폭포

는 폭포수가 신부의 면사포 같다 하여 붙여진 이름이었다. 가까이 가고 싶었지만, 계곡이 있어 더 들어갈 수는 없었다. 다른 곳들을 더 둘러보기로 했다.

요세미티 밸리의 중심지로 들어왔다. 푸드코트도 보이고 산장으로 된 숙박업체도 여럿 있었다. 한 곳에 주차를 하고 밖으로 나왔다. 주

낯선 곳이 나를 부를 때

차한 곳 바로 뒤에는 큰 공터가 있었는데 앞뒤로 큰 절벽이 있고 공터
외곽에는 약간 낡았지만 아기자기한 집들이 있었다. 실제로 주민이
거주하는 곳인지, 방을 빌려 주는 곳인지는 확실하지 않았지만, 사람
이 사는 흔적은 분명히 있었다.

:: 요정들이 살 것 같은 호수 '미러 호' ::

하늘이 엄청 파랗다. '경치 한 번 기가 막히네.' 걸어서 미러 호
(Mirror Lake)로 향했다. 지도에 나와 있었는데, '거울(Mirror)'이라는
이름과 같이, 호수에 사물이 거울처럼 반사되어 보이는 곳이 아닐까
싶었다.

그런데 호수로 가는 길에 약간 어눌한 발음의 "안녕하세요." 하는
목소리가 들렸다. 고개를 돌리니 백인 여성이 자전거 위에서 활짝 웃
고 있었다. 그녀는 한국에서 2년 동안 영어 선생님을 하며 살았다고
했다. '나는 미국에 1년만 있어도 힘든데 머나먼 타국에서 2년이나 있
었다니…. 대단한 선생님일세.' 그녀는 한국 사람이 반가운지 우리와
기념 사진을 함께 찍고, 다음에 또 보자며 인사했다.

미러 호 가는 길은 꼬불꼬불한 강을 몇 번 건너야 했다. 초록빛을
띠는 강 옆으로 사람들이 바비큐(barbecue)를 하고 있었다. 숯불 향이
예술이었다.

미러 호까지 가는 데에는 시간이 꽤 걸렸다. 차를 이곳 가까이에 주
차했으면 금방 갔을 것 같았지만 멀리 대는 바람에 걷는 시간이 길어
졌다. 그리 높지 않은 언덕이 나왔고 트레킹을 하는 사람, 자전거를
타는 사람, 시냇물을 구경하다 보니 마침내 호수가 보이기 시작했다.

거울처럼 선명하게 사물이 반사되는 그런 호수는 아니었다. 호수
중간중간에 나무들이 물 위로 자라 있었고 섬처럼 호수 위에 땅이 있
는 곳도 있었다. 시야를 다르게 해서 보면 늪처럼 보이기도 했다. 한
구석에는 쓰러진 나무 위로 새로운 식물이 자라나기도 했다. 나름대

낯선 곳이 나를 부를 때

▌미러 호수(Mirror lake)

로 운치가 있었다. 하지만 국립공원 안에서 며칠 머무르며 시간이 많다면 모를까, 우리처럼 여행 시간이 촉박하다면 굳이 안 가도 될 듯했다.

:: 달이 밝아, 별을 볼 수 없다니! ::

푸드코트에서 저녁을 먹고 밖으로 나왔다. 평균 15달러로 일반음식점보다 약간 더 비싸기는 했지만 바가지 수준은 아니었다. 피자, 돼지고기 요리, 튀긴 생선 요리가 있었는데, 메뉴는 매일 바뀌는 듯하다.

어느새 노을이 지고 있었다. 요세미티는 주위가 산맥이라 높은 곳에 가지 않는 한 노을을 볼 수가 없다. 협곡 사이에 위치해 있는 요세미티 밸리에서는 절벽에 비춰진 노을이 인기라 하였다. 하지만 이미 늦은 탓인지 절벽 꼭대기에만 해가 비치고 있었다.

자리를 옮겼다. 이왕이면 내일 이동하기 쉽게 북쪽으로, 그리고 별[40]도 볼 겸 시야가 탁 트인 곳으로, 산을 계속 올라갔다.

조용하던 도로는 '길 막힘(Road Close)'이라는 표지판과 함께 바리케이드가 쳐져 있었다. 힘들게 올라왔건만 눈 때문에 통제되어 있었다. '5월인데도 못 다닐 정도로 눈이 있나?'

가는 길에 발코니처럼 생긴 몇몇 뷰 포인트가 있었다. 여기에서 주차하고 잔다고 해도 아무도 뭐라 하지 않을 것 같았다. 하늘에 있는 별은 처음엔 조금 보이더니 급격히 사라져 갔다. 구름도 없고 주위는 캄캄해서 안 보일 리가 없는데…. 하지만 달이 떴다. 보름달처럼 보이는 달이 무척이나 밝게 빛나고 있었다. 최근에 이렇게 밝은 달을 본 적이 있나 싶을 정도로 밝았다. 별을 보는 데 있어서 문제가 되는 것으로 날씨와 구름만 생각했지 달은 생각도 하지 못했다. 깊은 새벽이 되어도 달빛은 사라지지 않을 것 같았다.

산 중턱이라 새벽이 되면 분명 추워질 것이 분명했다. 추워서 중간에 깨는 일이 없도록 미리 이불을 덮고 각자 잠자리에 들었다.

:: 폭포와 함께 맞이한 요세미티 밸리의 아침 ::

어느새 아침이 밝아 햇살이 얼굴을 쏘아 댔지만 무시하고 계속 누워 있었다. 사실 반쯤은 깨어 있는 상태였지만 움직이는 것이 귀찮았다. 나뿐만 아니라 나머지 두 명도 나와 비슷한 상태인 것 같았다. 잠결에 오늘 무엇을 할지에 대해 생각했다. 어제 가고 싶었지만 시간이 늦어 못 갔던 요세미티 폭포가 머릿속을 맴돌았다. 로어 요세미티 폭

---

40 요세미티 밤하늘의 별은 아주 유명하다. 요세미티에서 머무를 예정이라면, 별은 꼭 보고 오자.

낯선 곳이 나를 부를 때

▌지나는 길에 만난 폭포　　　　　　　▌아침 8시 – 요세미티 밸리

포(Lower Yosemite Fall)와 어퍼(Upper) 요세미티 폭포가 있었는데, 어퍼 폭포는 2시간 이상 트레킹을 해야 볼 수 있었다.

영진이와 영헌이에게 좀 더 자라고 하고 내가 운전대를 잡았다. 왔던 길을 되돌아가며 요세미티 밸리로 향했다. 어제 저녁 식사를 했던 곳 바로 뒤에 요세미티 폭포로 가는 길 입구가 있었다. 어제는 깜깜해서 아무것도 안 보였지만 우리가 왔던 길은 그야말로 절경을 이루는 곳이었고, 저 멀리의 풍경도 한눈에 훤히 보이는 높은 곳이었다. 중간중간에 폭포가 몇몇 보였는데, 요세미티에는 폭포가 총 280개가 넘게 있다고 하더니 사실인가 보다.

요세미티 밸리의 아침. 햇빛을 받은 나뭇잎들에 의해 온 세상이 초록빛으로 물들어 있었다. 비가 왔는지, 이슬을 맞았는지, 땅과 나무들이 촉촉이 젖어 있었다. 갑자기 요정들이 나타나도 전혀 이상하지 않을 것 같은 풍경이었다. 조그마한 웅덩이에서는 물이 계속 넘쳐 아래로 흐르고 있었고 맞은편의 강은 세찬 물줄기를 자랑하고 있었다. 무척 아름다웠다.

:: 빨려 들어갈 듯 묘한 매력의 요세미티 폭포 ::

요세미티 폭포의 입구 앞에 차를 주차하고 본격적인 트레킹을 시작했다. 목표와 방향은 어퍼 폭포(Upper Fall)로 잡되 시간과 체력이 되는 때까지 가기로 했다. 가다 보면 로어 폭포(Lower Fall)도 만날 수 있을 것이라고 생각했는데, 사실 로어 폭포로 가는 길은 옆쪽에 따로 있었다. 로어 폭포는 30분이면 충분히 갈 수 있는 거리인 반면 어퍼 폭포는 편도 2시간~2시간 반 정도 거리였다.

가파른 경사가 생각보다 많이 있었다. 쉬엄쉬엄 시냇물로 수분 보충을 하며 묵묵히 올라갔다. 약 2시간 뒤, '아, 언제쯤 폭포 나오노?' 하면서 슬슬 짜증이 날 때 '콰콰콰' 하는 헬리콥터 소음과 비슷한 소리가 들리기 시작했다. 그 소리는 갈수록 굉음으로 변해 갔고, 곧이어 커다란 폭포가 눈에 들어왔다. 큰 낙차 때문에 물이 천천히 떨어지는 것처럼 보였다. 떨어지는 물은 바람에 흩날려 주위를 적시고 있었다. 엄청난 양의 물이 떨어지고 있었다. 그저 감탄밖에 안 나왔다. 입을 헤벌리며 바라볼 수밖에 없었다. 한참을 쉬며 바라보았다.

'어디에서 저 많은 물이 나오는 걸까?' 여기까지 왔는데 그냥 가려니 아쉬움이 남았다. 길은 폭포 옆으로 계속 이어졌고 그 길은 결국

　　　　　　　　　　　　낯선 곳이 나를 부를 때

∎ 어퍼 요세미티 폭포

폭포 꼭대기로 이어지는 듯했다. 무언가에 홀린 것처럼 우리는 다시 걸음을 재촉했다.

"Almost done. Almost done. Don't give up.(거의 다 왔어요. 포기하지 마세요.)"

내려오는 행인의 격려를 받으며, 아기를 업고 올라오는 한 어머니에게 자극을 받으면서 계속 발을 디뎠다. 드디어 평지가 나왔다. 다 온 것 같다.

바닥에 앉아서 쉬는 사람들이 보이기 시작했고 그 옆으로 천 길 낭떠러지가 있었다. 안전 표지판이나 울타리도 없었다. 요세미티 밸리와 마을이 아주 작게 보였다. 움직이고 있는 차들이 있었지만 너무 작아 거의 멈춘 것과 같이 보였다. 맞은편에는 어제 보았던 글래셔 포인

▌ 어퍼 요세미티 폭포 꼭대기, 요세미티 폭포의 원천. 얼핏 보면 계곡이다, 까마득한 아래로

트가 있는 듯했다.

옆에 보이는 샛길을 통해 폭포로 갈 수 있었다. 엄청난 물줄기가 빠른 속도로 강을 이루고 있었다. 강 끝으로 물이 한참 동안 떨어지더니 지면과 충돌했다. 최대한 옆으로 가서 보았다. 자칫하다 떨어지면 이대로 휩쓸려 그대로 '골로 갈 것' 같았다. 상상만 해도 무섭다. 하지만 가만히 바라만 보고 있어도 빨려 들어갈 것 같은 묘한 매력이 있었다.

양지바른 바위를 찾아 누웠다. 따뜻한 햇볕 아래 잠깐 눈을 붙였다. 하루만 더 있고 싶다. 아니, 일주일 정도 이 마을에서 지내고 싶다. 촉박한 일정 없이 여유롭게 산책을 하고, 바비큐를 먹고, 낮잠을 자는 행복한 상상을 하며 하산했다.

요세미티 폭포 영상

낯선 곳이 나를 부를 때

시카고

개성 있는 건물과 미시간 호수,
재즈와 피자는
당신의 시카고를 풍요롭게 해 줄 것이다.

:: 나는 이제 순수한 배낭여행자 ::

어제 회사 사람들과 거한 회식을 함과 동시에 1년간의 내 인턴 생활이 끝이 났다. 미국에 있는 회사에서 인턴사원으로 있으면서 별의별 일을 겪었다. '어떻게 이런 일이 내게 일어날 수 있을까?' 할 정도로 다사다난한 날들이었다.

오늘부터 내가 만나는 미국은 지난 1년과는 다소 다른 미국일 것이리라.

기동성을 높이기 위해 짐을 줄인다고 줄였지만 40리터짜리 등산 가방 하나와 평범한 백팩, 총 두 개가 나왔다. 무엇보다도 택배로 미처 보내지 못한 노트북이 큰 짐이었다. 내 노트북은 꽤 무거워서 앞으로 여행하는 동안에 애물단지가 될 듯했다.

시카고(Chicago)행 비행기 티켓은 두 달 전에 120달러로 예매해 놓았다. 항공사는 저가 항공으로 소문난 스피릿항공(Spirit Airlines).[41] 수하물로 짐을 부치고 편안한 마음으로 비행기에 몸을 실었다. 샌디에이고를 떠난다는 약간의 서운함과 여행에 대한 설렘. 말로 표현한다면 '시원섭섭'이라는 단어가 딱 맞는 듯하다.

약 4시간의 비행이었다. 한숨 자고 나니 시카고에 도착했다. 우중충한 느낌의 아주 현대적인 공항이었고, 영화에서 보던 전형적인 미국의 공항이었다. 신선함을 느끼며 내 가방을 찾으러 갔다. 시카고에서 인턴 생활을 하고 있는 친척 동생 정민이가 마중을 나와 있었다. 얼마 전에 샌디에이고에 놀러 와서 잠깐 보긴 했지만 다시 봐도 반갑다.

내 가방을 집어 들고 지하철로 갔다. 지하철 역시 우중충한 느낌과 함께 냄새도 나고 약간 더러웠다. 흑인과 백인 등 다양한 인종이 있었다. '허허허. 여기가 진짜 미국이네.' 인구의 절반이 멕시코인인 샌디에이고에 있다가 큰 도시 '시카고'에 오니 다양한 인종의 사람들을 보는 것만으로도 신기했다. 흑인이 근처에 있을 때는 약간 무섭기도 했다. '혹시나 시비를 걸지는 않을까?' 싶었다. 인종차별이라고 생각할 수도 있겠지만 길 가다가 흑인들이 모여서 힙합 스타일의 옷을 입고

---

41 항공권이 저렴한 대신 수하물로 짐을 부치거나 기내에 짐을 들고 타면 추가 요금이 붙는다. 수하물은 50달러, 기내에 들고 탈 경우에는 57달러이다.

낯선 곳이 나를 부를 때

▌ 시카고 공항　　　　▌ 높은 빌딩 사이, Calder's Flamingo

큰 소리로 떠들고 있으면 누구나 경계할 수밖에 없을 것이다.

친척 동생 정민이의 집은 공항과 다운타운 사이에 있었다. 덕분에 더욱 편안한 시카고 여행이 될 것 같다.

:: 미국의 3대 미술관 중 하나, 시카고 미술관 ::

실컷 자고 일어났다. 일주일간의 근무 피로와 숙취가 싹 풀린 것 같았다. '이제 다운타운으로 가 볼까?' 열차를 타고 다운타운으로 이동해서 잭슨(Jackson)역에 내렸다. 붉은색의 조형물 하나와 아주 큰 빌딩들이 나를 내려다보고 있었다. 그야말로 빌딩 숲이었다.

신식 건물부터 약간 옛날 양식의 건물까지 골고루 있었다. 샌프란시스코나 LA 다운타운에도 큰 빌딩들이 많았지만 시카고는 전혀 다른 느낌이었다. 건물들은 하나하나 자기만의 특색을 지니는 듯했다. 연신 고개를 두리번거리며 거리를 지나갔다.

가다 보니 신전처럼 생긴 건물이 나왔는데, 자세히 살펴보니 시카고 미술관이었다. 예술에 큰 흥미도 없고 유명한 박물관이나 미술관

▌아프리카 문명 전시품과 중세 갑옷

은 유럽에서 많이 보았기에 그냥 스쳐 지나가려 했다. 하지만 미국에서 손꼽히는 곳이라 하고 시카고를 방문하는 사람들은 꼭 거쳐 가는 코스라기에 자연스럽게 티켓을 사러 갔다. 매표소에서 '스카이데크 콤보(Skydeck Combo)'라는 글자가 내 주의를 끌었다. 윌리스 타워(Willis Tower)의 전망대와 미술관 입장 티켓이 묶인 상품이었다. 가격은 개별로 사는 것보다 2~3달러밖에 차이가 나지 않지만 줄을 서지 않아도 된다는 장점이 있었다. 스카이데크(Skydeck) 전망대를 꼭 가보고 싶어 콤보(Combo) 티켓을 샀다. 가격은 46달러.

미술관은 아시아, 북미, 남미, 유럽, 아프리카 등 다양한 지역의 예술품들을 소장하고 있었다. 그중에서도 특히 아프리카와 남미의 예술품이 흥미로웠다. 말로만 듣던 잉카 문명의 작품들도 있었고 현대 작품의 누드 전도 선보이고 있었다. 생각했던 것보다 지루하지 않아 관심 있게 구석구석 살펴볼 수 있었다.

또 다른 곳에는 중세 시대의 무기와 갑옷들이 전시되어 있었는데 서양의 중세 시대 갑옷을 실제로 보는 것은 처음이었다. 빈틈 하나 없

　　　　　　　　　　　　　낯선 곳이 나를 부를 때

이 꼼꼼히 철갑으로 몸을 보호할 수 있었으나 이 무거운 것을 걸치고 어떻게 다녔는지 궁금하기도 했다. 임진왜란보다 훨씬 전에 개발된 총기류도 있었는데 손잡이와 포신에 있는 장식이 꽤나 정교하고 섬세했다. 하나 갖고 싶을 정도였다.

이곳저곳을 구경하다 보니 미술관 마감 시간이 다 되어 갔다. 처음에는 티켓값이 부담스러웠지만, 눈길을 사로잡는 예술품들이 많아서 한 번쯤은 가 볼 만한 곳인 듯하다.

:: 도심 속 공터, 밀레니엄 파크 ::

미술관 근처에는 밀레니엄 파크(Millennium Park)가 있다. 조사한 바로는 밀레니엄 공원에 은색 땅콩 모양의 조형물인 클라우드 게이트(Cloud Gate)와 사람 얼굴이 주기적으로 바뀌는 분수인 크라운 분수(Crown Fountain)가 있다고 했다.

미술관 바로 가까이에 있어 이동하는 수고를 덜었다. 크라운 분수는 벽돌로 쌓인 두 개의 작은 직사각형 기둥 모양이었다. 기둥 꼭대기에서 물이 흘러넘치고 있었고 벽돌 틈에서도 물이 나오고 있었다. 벽돌의 한 면에서는 사람의 얼굴이 화면으로 나오고 있었는데 아주 천천히 표정이 바뀌고 있었다. 아름다운

▌크라운 분수

백인 여성, 나이가 지긋하신 할아버지, 해맑게 웃고 있는 아시아인 꼬마까지, 인종과 나이를 가리지 않고 주기적으로 얼굴이 바뀌었다. 시카고에 살고 있는 주민 1,000여 명의 얼굴이 녹화되어 있고, 이들의 얼굴이 끊임없이 돌아가면서 화면에 나온다고 했다.

사람들은 이러한 두 개의 기둥 옆에 앉아서 친구를 기다리거나 책을 읽기도 하고 잠깐 쉬었다가 가기도 했다. 대자연의 폭포처럼 웅장하거나 아름답지는 않았지만, 인간의 힘으로 만들어진 이 조형물은 도심 한가운데서 사람들의 쉼터가 되기에 충분했다.

조금 더 올라가니 클라우드 게이트(Cloud Gate)가 보였다. 커다란 은색 덩어리였다. 많은 사람들이 클라우드 게이트 밑에서 사진을 찍고 있었다. 금속으로 이루어져 있었지만 사람들의 손때나 비바람에 의해 색이 변하거나 벗겨진 곳은 없었다.

나도 사진을 찍었다. 우중충한 날씨와 더불어 주위의 건물과 함께 잘 어우러진 이 은색 조형물, 시카고의 랜드마크라 해도 될 정도로 모든 것이 참 잘 어울렸다. 관광객들이 이곳을 꼭 들르는 것도 다 이유가 있는 듯했다.

클라우드 게이트 옆으로는 무대가 하나 있었다. 무대 앞 공터의 천장에 있는 거미줄처럼 생긴 조형물도 신선했지만 무대를 감싸고 있는 벽면도 아주 특이했다. 은색의 대공 레이더(Air Defense Radar) 망처럼 디자인되어 있었는데 한쪽에는 비행기가 와서 박은 듯 찌그러져 있었다.

공원 앞 대로에서 위로 쭉 올라가면 만날 수 있는 매그니피센트 마

▍클라우드 게이트

▍클라우드 게이트 옆 제이 프리츠커 파빌리온

일(Magnificent Mile)로 향했다. 1940년부터 고급 주거 공간과 상업 시설이 밀집된 지역이었는데, '유혹의 1마일'이라는 뜻의 'Magnificent Mile'로 명명된 후 더욱 크게 발전된 곳이었다. 거리 자체가 쇼핑몰인 듯, 고급 레스토랑, 유명 브랜드 제품을 가리지 않고 많은 상점들이 입점해 있었다. 구글 지도에도 이름만 봐도 맛있을 것 같은 레스토랑이 빽빽하게 나와 있었다. 돈만 있으면 최고의 거리일 듯.

:: 지오다노스 피자 vs. 우노 피자 I ::

급격히 배가 고파졌다. '시카고에 왔으면 시카고 피자 한번 먹어 주는 게 예의지.' 시카고 피자로 유명한 양대 피자 가게가 있다. 하나는 지오다노스(Giodarno's), 다른 한 곳은 우노(UNO). 내가 있는 곳에서 더 가까운 지오다노스부터 찾았다.

지오다노스는 프랜차이즈점이라고 들었는데, 막상 들어가 보니 여느 레스토랑과 다름없이 깔끔하게 인테리어가 되어 있었다. 메뉴판에는 한국에서 불리는 '시카고 피자' 대신 '딥디시 피자(Deep-dish Pizza)'라고 적힌 메뉴들이 있었다. 가격은 그렇게 비싼 편은 아니었고, 6인치 크기인 1인용 메뉴도 있었다. 1인용 메뉴를 먹을까, 스몰 사이즈(small size)를 먹을까 고민하다가 결국 1인용으로 시켰다. 약간 부족할 것 같긴 했지만 오늘은 맛만 보고 맛있으면 내일 또 오기로 하고, 콤비네이션 피자를 시키거나 포테이토 등의 토핑(topping) 추가도 할 수 있었지만 제일 기본인 페퍼로니 피자로 주문했다.

약 40분간의 기다림 끝에 내 피자가 나왔다. '딥디시(Deep-dish)'라는 이름 그대로 피자가 굉장히 두꺼웠다. 하지만 1인용이라 그런지 사이즈는 작았다. 딱 내 손바닥만 했다. "맛만 보기로 했으니까!" 하면서 한입 베어 물었다. "오! 맛있다!" 토마토소스에 모차렐라 치즈밖에 없었지만 맛있었다. 한국에서 맛본 시카고 피자만큼 치즈가 많지는 않았는데, 사이즈가 작아서 그런 것일지도 모르겠다.

▌지오다노스 - 딥디시 피자

적당한 가격에 잘 먹고 밖으로 나왔다. 건물 구경도 할 겸 내렸던 지하철역으로 돌아가는 길에 이상한 타워 두 개가 보였다. 옥수수를 연상시키는 건물이었다. 창문 하나하나가 옥수수 알처럼 박혀 있었고 저층에는 자동차들이 옥수수 알처럼 주차되어 있었다. 옛날에 영화에서 한 번 본 것 같기도 한 모습이었다.

▌옥수수 모양의 타워
- Marina Towers

처음 내렸을 때부터 느꼈던 것이지만 시카고는 건물 하나하나가 다 다르고 각자의 개성이 있었다. '시카고에 가면 이것 해 봐야지! 저 건물에서 뭐 해야지!' 이런 것은 없지만 길을 지나가며 건물을 구경하면서 건물 숲

사이로 흐르는 시카고 강을 따라 걷는 것 자체가 즐거운 것 같다. 대도시이지만 밤거리는 한적했다. 주황색 조명이 거리를 물들이고 있었고 중간중간 도로 공사를 하는 소리와 자동차 소리만 들렸다. '더 늦어지기 전에 집에 가야지.'

:: 443m 상공의 유리 발코니 '스카이데크' ::

오늘 일기예보는 흐림, 하지만 실제로는 맑음. '언제 다시 구름이 낄지도 모르니 하늘 맑을 때, 어제 샀던 스카이데크 티켓을 써먹어야지.' 서둘러 다운타운으로 갔다.

스카이데크(Skydeck)라는 이름의 전망대가 있는 윌리스 타워(Willis Tower)[42]는 어제 갔던 잭슨역 옆에 있었다. 1층에 커다랗게 'Skydeck'라고 쓰여 있는 표지판이 있어 찾기 쉬웠다. 표지판을 따라 건물 안으로 들어간 후 엘리베이터 앞에 섰다. '이렇게 바로 위로 가나?' 싶었지만 엘리베이터는 지하로 내려갔다. 지하에 따로 매표소와 함께 스카이데크로 초고속으로 올라가는 엘리베이터가 있었다.

스카이데크에서 바라본 시카고의 전망은 놀라웠다. 높은 곳에 올라가 도심의 전망을 본 적은 많이 있었지만 날씨 탓인지 나를 감상에 푹 빠져들게 하는 공간이었다. 1층에서 고개를 뒤로 90도 정도 꺾어야

---

42 윌리스 타워 스카이데크(Willis Tower Skydeck): 443m 높이의 세계에서 10위 안에 드는 110층 건물이다. 일부 구간에서는 바닥을 포함해 사방이 투명한 강화유리로 되어 있다. 초고층에서의 짜릿한 느낌을 가식 없이 느낄 수 있다.

낯선 곳이 나를 부를 때

겨우 보이던 건물들이 여기서는 모두 나의 발밑에 있었다.

다운타운 한가운데 각각의 개성을 가진 건물들이 블록을 따라 언뜻 봐서는 불규칙적이면서도 자세히 보면 규칙적인 모습으로 배열되어 있었다. 건물이 밀집한 지역 뒤로는 미시간 호수가 바다처럼 자리하고 있었다. 다운타운 외곽은 여느 다른 도시와 마찬가지로 평야로 이루어져 있었다. 보면 볼수록 아름다운 도시였다.

건물을 돌아서 뒤로 가니 사람들이 여기저기 모여 있었다. 바닥과 벽이 투명하게 이루어진 공간이 있었다. 건물 외벽에 발코니처럼 특수강화유리를 설치해 443m의 높이를 그대로 느낄 수 있게 만들어 놓았다. 사실 나도 이것 때문에 여기 왔다. 이곳이 맞는지는 정확하지 않지만 TV에서 이런 곳을 본 적이 있었는데 그때부터 꼭 가 보고 싶었기 때문이었다.

발코니로 발을 디뎌 보았다. '와! 높다.' 내가 저기 서 있는 동안에 발코니가 부서지지 않는다는 상상을 안 할 수가 없었다. 약간 무서웠지만, 동시에 감탄도 나왔다. 바닥이 뚫려 있으니 시야가 두 배는 더 확보된 느낌이었다. 뒤에 있는 사람에게 사진을 부탁하고 밖으로 나왔다.

여기까지 왔으니 다른 길을 통해 시카고 거리를 좀 다녀 봐야겠다는 생각이 들어 윌리스 타워에서 그대로 북쪽으로 올라갔다. 목적지를 두고 간 것은 아니고 그냥 편안하게 걸어 보았다. 시카고 강을 건너 계속 위로 올라갔다. 그런데 점점 고층 빌딩이 사라져 갔다. 음…. 이 길은 아닌 것 같다. 지도를 보니 근처에 존 핸콕 타워(John Hancock Tower)라는 유명한 타워가 있어 그곳에 가 보기로 마음을 정했다.

▌ 유리로 된 발코니

▌ 시카고 강

낯선 곳이 나를 부를 때

:: 가격 대비 만족도 최고 '포틸로스 핫도그' ::

길을 걷다 보니 사람들이 상당히 북적이는 가게가 하나 보였다. 글씨가 휘갈겨져 있어 가게 이름을 잘 읽지는 못했지만 사람들이 줄을 길게 서서 차례를 기다리고 있었고 테이블에도 사람들이 가득 차 있는 곳이었다. 레스토랑인가 싶었지만 레스토랑이라고 하기에는 분위기가 너무 가벼웠다.

가게 안으로 들어가 봤다. 약간 인디언풍의 느낌도 나면서 황야의 분위기도 느껴졌다. 가까이 가 보니 핫도그를 팔고 있었다. 파스타나 샐러드 등 다른 메뉴도 있었지만 사람들은 핫도그 하나씩을 꼭 먹고 있었다. 무엇보다 가격이 매우 저렴했다. 핫도그 큰 사이즈를 시켜도 가격은 겨우 3달러로, 다른 곳에 비하면 거의 반값 정도였다. 나도 서둘러 주문했다. 핫도그를 주문하는 김에 파스타도 같이 시켰다. 나중에 알고 보니 가게 이름은 포틸로스 핫도그(Potillo's Hotdogs).

핫도그에는 소스와 함께 피클, 할라페뇨, 양배추 등 여러 가지 재료들이 많이 들어가 있었다. 항상 케첩 발린 핫도그만 보다가 이 핫도그를 보니 굉장히 푸짐해 보였다. 파스타도 레스토랑만큼 많은 양이 나오지는 않지만 맛은 나쁘지 않았다. 가격 대비 만족도가 아주 높은 곳이었다.

존 핸콕 타워 근처에 워터 타워(Water Tower)가 있었다. 옛날에 시카고 주택가

| 빅 사이즈 핫도그

▌ 워터 타워

에 물을 공급하기 위해 세워진 급수탑이라고 했다. 어느덧 저녁이 되어 타워에는 불이 켜져 있었다. 신전이라고 하기에는 너무 거창하고, 한국의 다보탑과 비슷하게 생겼는데, 조명이 더해져서 그런지 건축물에서 아늑한 분위기가 났다.

:: 또 하나의 전망대, 존 핸콕 타워 ::

존 핸콕 타워[43]에 도착. 존 핸콕 타워에도 윌리스 타워처럼 전망대가 있다. 전망대 외에도 94층과 95층에 레스토랑과 바(bar)가 있어 높은 곳에서 전망을 볼 수 있다. 조금 전에는 돈 주고 전망을 봤으니, 여기서는 바에서 야경만 살짝 보고 내려와야겠다는 생각이 들었다. 조그맣게 '94 & 95 private'이라고 적힌 곳으로 들어갔다. 'private'이라고 적혀 있어 정해진 사람만 들어갈 수 있는 줄 알았는데 누구나 들어갈 수 있었다.

엘리베이터가 따로 마련되어 있었고 직원 한 명이 안내해 주었다. 엘리베이터에서 내리자마자 시카고의 야경이 훤히 보였다. '오! 도시의 야경이 다 거기서 거기일 줄 알았지만 달랐다.' 레스토랑을 지나

---

43 존 핸콕 타워(John Hancock Tower): 윌리스 타워가 생기기 전, 시카고에서 가장 높은 타워였다고 한다. 94층과 95층에서는 레스토랑과 바가 있어 야경을 바라보며 음식과 술을 즐길 수 있다.

낯선 곳이 나를 부를 때

▌ 윌리스 타워 내부. 장식이 예쁘다.

▌ 윌리스 타워에서 바라본 시카고의 야경

바(bar)로 갔다.

그런데 이게 웬걸, 자리가 없다고 기다려야 한다고 했다. '나는 야경만 잠깐 보면 되는데….' 계속 머뭇거리던 중, 입구에서 안내해 주는 직원이 잠시 자리를 비웠다. 이때다 싶어 안으로 쏙 들어갔다.

유리창 근처에서 사람들이 사진을 찍고 있었다. 무리에 섞여 나도 슬쩍 시카고의 밤 풍경을 구경했다. 존 핸콕 타워는 한때 시카고에서 가장 높은 건물이었다고 하는데, 그 명성에 걸맞게 시카고의 전경이 훤히 보였다. 윌리스 타워와 마찬가지로 다른 빌딩들은 한참 밑에 있었다. 이곳에서 바라본 시카고의 밤은 흰색과 주황색, 그리고 검은색의 조합으로 도시 느낌을 물씬 풍기고 있었다. 그렇게 잠시 보고 있다가 타워를 내려왔다. 유명한 타워 두 곳에서 낮과 밤의 시카고 전경을 보고 나니 뿌듯하다.

:: 지오다노스 피자 vs. 우노 피자 II ::

친척 동생 정민이의 휴무일이라 같이 움직이기로 했다. '데리고 다니면서 관광 좀 시켜 달래야지. 후후후…. 미국 피자 맛집 우노(UNO)부터 가야지.' 체인점인 지오다노스와 달리 우노 피자는 다운타운에 한 군데밖에 없다. 유명 피자 가게인 만큼 대기 시간을 걱정했지만 우리는 그날 운이 좋아 바로 테이블을 잡을 수 있었다.

메뉴는 지오다노스와 비슷했는데, 이번에는 피자 크기를 '미디엄(medium)'으로 시켰다. 홈메이드 수프(homemade soup)와 샐러드도 시켰다. 홈메이드 수프는 토마토 수프와 비슷했는데 고기와 감자, 당

낯선 곳이 나를 부를 때

근 등 채소가 들어가 있어 맛이 나쁘지 않았다.

피자는 '콤비네이션 딥디시 피자'로 시켰다. 이 역시 두께가 엄청났는데, 피자 두께가 가운뎃손가락 두 마디만큼이나 되었다. 여러 가지 토핑이 있

▌우노 – 콤비네이션 딥디시 피자

는 콤비네이션 피자를 시켜서 그런지, 훨씬 더 두꺼운 듯했다. 한 조각을 들어 보니 아주 묵직했다. 그런데 제일 중요한 '맛'은 그냥 그랬다. 딱 코스트코 콤비네이션 피자의 맛이었다. 차이점이 있다면 두께뿐. 치즈도 지오다노스만큼 많지 않았다. 몇 입 베어 먹었더니 질리는 듯해서 파마산 치즈를 뿌렸는데, 치즈가 상한 것 같다. 냄새를 맡았더니 굉장히 역했다.

"Excuse me. Something is strange for Parmesan cheese. I think this is go bad.(실례합니다. 파마산 치즈 맛이 이상한데요. 이거 상한 것 같아요.)"

'음식이 상하다'를 영어로 어떻게 표현해야 할까? 거창한 단어를 써야 할 것 같지만 사실은 간단하게 'bad'라고 말하면 된다. 이 외에도 사실상 실용적으로 쓰이는 단어는 대부분 이처럼 아주 간단한 단어의 조합으로 이루어진다. 점원도 냄새를 한번 맡아 보고는 미안하다고 하면서 새로운 접시, 포크, 나이프와 함께 새로운 치즈를 갖다 주었다. 그런데 상한 파마산 치즈가 뿌려진 피자 조각은 어떻게 하나….

:: 재즈의 본고장에서 듣는 재즈 ::

시카고는 재즈(jazz)로 유명한 도시이다. 재즈 음악가들이 다른 주에서 이곳으로 많이 이주하면서, 그리고 시카고만의 색깔을 담아내면서 그 특색을 구축하게 되었다고 한다. 하지만 나는 '재즈'라는 말만 들어봤지 어떤 장르인지도 잘 몰랐다. 오늘은 재즈 펍(pub)을 한 번 경험해 보는 걸로.

구글 맵스에 'jazz bar'라고 검색했더니 여러 곳이 나왔다. 그중 평점이 높은 곳을 찾았다. 우리가 간 곳은 앤디스 재즈 클럽(Andy's Jazz Club). 입장료로 10달러를 달라고 했다. '재즈를 듣는데 이 정도야 뭐.'라고 생각하며 '쿨하게' 냈다. 공연은 오후 7시 30분부터 연주를 시작한다고 했다. 무대 바로 앞 테이블은 저녁을 먹는 사람만 앉을 수 있다고 하여 우리는 가장자리의 작은 테이블에 자리를 잡았다.

맥주를 하나씩 시키고 잠시 앉아서 대화를 나누고 있었는데 어느새 밴드 한 팀이 공연을 준비하고 있었다. 기타와 첼로 비슷한 악기를 가지고 두 사람이 연주를 했다. 나는 음악에 대해 잘 모르지만, 언뜻 듣기에도 두 악기가 서로 따로 노는 듯한 느낌이 들었다. '분명 같은 곡을 연주하는 것 같은데, 이게 재즈인가?' 그러던 중, 드레스를 입은 한 중년 여성이 무대 위로 올라갔다.

그 중년 여성은 뒤에 있는 밴드와 몇 마디 대화를 나누더니 곧 노래를 시작했다. 진짜 재즈가 시작되었다. 몇 곡을 듣다 보니 '재즈는 이런 스타일의 음악이구나.' 하는 것을 느낄 수 있었다. 그루브(groove: 리듬)를 타면서도 소울(soul)이 있었다. 발라드 음악과 같은 폭발력이

낯선 곳이 나를 부를 때

▌ 앤디스 재즈 클럽

▌ 비 오는 시카고의 모습. 구름이 낮게 건물에 내려왔다.

있는 구간은 없었다. 박자와 리듬이 끈적한 느낌이었다.

재즈를 처음 접했지만 상당히 괜찮았다. 오늘처럼 비 오는 날, 재즈 바(bar)에 들러 맥주 한잔 하면서 노래를 들으니 세상만사가 평화로워졌다. 조금 더 음악을 즐기다, 우버(Uber)를 타고 집으로 돌아왔다. 시카고를 방문한다면 한 번쯤 재즈 바에 가 볼 것을 추천한다.

:: 미시간 호수는 바닷물일까, 그냥 물일까? ::

시카고는 미시간 호수 옆에 있는 대도시이다. 호수를 끼고 있어서인지 일찍부터 상업과 경제가 발전했다. 해안 도시에 살았던 터라 부두(pier)나 해변(beach)에는 또 가고 싶은 마음이 없었지만 여기는 그래도 호수니까 한번 가 보고 싶은 마음이 들었다.

다운타운에서 오른쪽으로 쭉 가면 '네이비 피어(Navy Pier)'라는 곳이 나온다. 옛날에는 해군 항구였지만 지금은 그저 크루즈가 운행되는 관광지이다. 오늘도 비가 살짝 오는가 싶더니 해는 안 보이고 바람이 매우 강하게 불어 추웠다. 가방의 공간이 모자라 '긴 옷을 버려야

▌네이비 피어　　　　　　　　　　　　▌미시간 호수

하나?' 생각한 적도 있었지만 가져온 게 천만다행이었다. 대관람차, 박물관, 레스토랑을 지나 네이비 피어 끝으로 가 보았다. 날씨가 안 좋아서 그런지 상점들은 문을 닫았고 사람도 얼마 없었다.

　강한 바람에 출렁이는 미시간 호수는 불투명한 비취색이었다. 물은 발 바로 밑에서 넘실거리고 있었다. '물이 다 거기서 거기지.'라는 생각을 하고 있었지만 보통의 바닷물과는 완전히 달라 보였다. 매력적인 녹색을 띠는 물빛은 나로 하여금 계속 쳐다보게 만들었다. '미시간 호수도 옛날에 바다였으나 지각 변동으로 인해 육지로 올라온 걸까? 아니면 그냥 원래부터 큰 호수였던 걸까?' 궁금했다.

　물맛을 보면 확실히 알 것 같았다. 쪼그려 앉기 좋은 곳으로 가서 물을 한 모금 마셔 봤다. 밍밍했다. 오! 천연 호수인 것 같다. 궁금증 해결! 얼핏 보면 할 것 많고 먹을 것 많아 보이는 도시, 시카고이지만 2박 3일이면 충분하고, 여유롭게 다니고 싶다면 3박 4일 정도면 될 것 같다. 시카고에 다녀온 나의 소감은 참 '미국스러운 도시'였다는 것. 이제 곧 미국 동부에 있는 워싱턴 D.C.로 간다. 기대된다.

낯선 곳이 나를 부를 때

워싱턴 D.C.와 필라델피아

현재와 과거의 수도.
눈길과 발길이 닿는 곳곳에,
미국 역사를 느낄 수 있을 것이다.

:: D.C의 여행은 내셔널 몰에서 ::

미국 동부 여행의 시작은 워싱턴 D.C. 풀네임(full name)은 'Washington District of Columbia', 즉 '워싱턴 컬럼비아 특별 자치구'라고 생각하면 된다. 서울특별시와 비슷한 개념이다. 미국은 '워싱턴'이라는 주(州)도 있기에 실제로 이곳 사람들은 줄여서 'D.C.'라고 부른다.

워싱턴 D.C.의 덜레스 국제공항에 도착했다. 다운타운 바로 옆에 있는 로널드 레이건 국제공항에 도착하는 줄 알고 있었는데 아무래도 항공권 예약을 잘못한 듯하다. 당황스럽다. 덜레스 공항에서 D.C. 다운타운까지는 약간 거리가 있다. 공항버스를 타고 지하철을 타야

하는데 약 1시간 정도 소요된다.

시카고에서는 우중충한 날씨가 대부분이었는데 여기에 오니 날씨가 아주 맑았다. 오랜만에 보는 새파란 하늘이었다. 시카고도 비교적 깔끔한 편이었지만 D.C.는 더 깨끗했다. '대통령이 살고 있는 곳이라 그런가?' 건물 하나하나가 깔끔했고 거리 역시 쓰레기 하나 없었다.

:: 워싱턴 D.C. 거리 ::

호스텔에 가방을 던져두고 밖으로 나왔다. 워싱턴 D.C.에서 들를 곳은 대부분 내셔널 몰(National Mall) 가까이에 있었다. 박물관, 기념관, 백악관 등 대부분의 볼거리가 그 근처에 있었고 심지어 시청이나 공항마저 내셔널 몰 주위에 있었다.

내가 가장 먼저 찾은 곳은 스미소니언 박물관.[44] 미국 역사 박물관. 자연사 박물관과 함께 가장 가고 싶은 박물관 중 하나였다. 박물관은 간단한 몸수색 후 입장할 수 있었다.[45]

┃ '이 사람은 UN군이다'

이민자들이 처음 미국에 왔을 때부터의 복장, 건물, 자동차들의 모습을 볼 수 있었고 현대에 점점 가까워질수록 익숙한 물건들이 나왔다. 옛날 물건에는 별 흥미가 없었지만 비교적 근래인, 최초의 타자기나 최초의 컴퓨터에는 눈길이 갔다. 무하마드 알리의 복싱 글러브와 안톤 오노의 스케이트화도 있었다.

전쟁 기념관도 있었다. 제1차 세계대전, 제2차 세계대전, 베트남 전쟁, 한국전쟁과 관련된 전시물과 함께 당시에 사용했던 무기와 헬기도 복원되어 있었다. 한국전쟁 당시의 사진이나 한국에서도 못 보던 전쟁 문서들을 보니 마음이 절로 숙연해지고 기분이 묘했다. 한국 전쟁에 참전한 지금의 할아버지, 할머니들이 안 계셨다면 현재의 우리나라는 절대 없었을 것이다. 그분들께 고개 숙여 경의를 표하고 싶다.

---

44 스미소니언 박물관(Smithsonian Museum): 워싱턴 D.C.에 있으며 스미소니언 재단의 기금으로 운영된다. 역사, 자연, 항공, 미술 등 다양한 분야의 박물관을 가지고 있으며 입장료는 무료이다.
45 박물관 중에는 입장료 대신 기부를 하고 입장할 수 있는 곳도 있다. 입장료가 부담된다면 소액을 기부하고 입장할 수도 있다.

5시 반이 다 되어 간다. 박물관 마감 시각이 되니 직원이 관람객들을 따라다니면서 문 닫는다고 빨리 나가라고 했다.

도착했을 때만 해도 날씨가 쾌청했는데 비가 온다. 그냥 맞고 다니기에는 빗방울이 굵어 근처에 있는 스타벅스로 피신했다. 이후에도 날씨는 계속 비가 잠깐씩 왔다가 그치기를 반복했다. 워싱턴 D.C.에 하루밖에 머무르지 않는데, 비를 피하는 시간이 너무 아까웠다.

:: 백악관과 링컨 기념관 ::

비를 약간 맞더라도 백악관(White House)으로 향했다. 미리 신청하면 백악관 안으로 들어가는 투어에도 참여할 수 있지만 적어도 두세 달 전에는 예약해야 했다. 예약 후, 신분을 확인할 수 있는 서류를 이것저것 내야 한다는 글도 본 적이 있었고 초청받은 사람만 투어가 가능하다는 글도 있었다. 너무 번거로워 실내 투어는 포기했다.

'바깥만이라도 봐야지!' 싶어 찾아간 백악관. 입구 곳곳에는 바리케이드가 보였고 무장 경찰들이 지키고 있었다. 백악관 앞은 공원처럼 되어 있었는데 걸어가는 사람들을 통제하지는 않았다. 울타리가 쳐져 있었고 저 끝에 백악관이 보였다. 인터넷에 있는 사진상으로는 가까워 보였는데 실제로는 약간 멀었다. '저기에 트럼프 대통령이 있단 말이지.' 좋고 싫은 감정을 떠나서 한번 만나보고 싶었다.

이후에 링컨 기념관(Lincoln Memorial)으로 향했다. 링컨 기념관 앞으로는 운하처럼 얕은 물이 흐르고 있었고 그 앞은 제2차 세계대전 기념 분수가 있었다. 축하의 의미를 담은 기념이라기보다는 하나의

낯선 곳이 나를 부를 때

| 하얀 집 - 백악관 | 저 멀리 보이는 링컨 기념관 |

역사라고 생각하고 많은 이들의 희생을 잊지 말자는 의도인 것 같았다.

긴 수로 곳곳에는 동전이 떨어져 있었고 오리와 거위가 물 위를 거닐고 있었다. 하지만 물이 그리 깨끗하지는 않았다. 해가 거의 졌는데도 링컨 기념관은 사람들이 바글바글했다. 미국에서 가장 존경받는 대통령 중 한 명인 에이브러햄 링컨(Abraham Lincoln). 링컨의 동상을 보고 환호가 섞인 괴성을 지르는 사람도 있었고 말없이 한동안 지켜보는 사람도 있었다. 우리나라에서 가장 훌륭한 위인으로 일컬어지는 세종대왕과 이순신 장군처럼 미국에서는 링컨 대통령이 그런 위인이 아닐까 싶다.

링컨 동상은 신전처럼 세워진 건축물 안에 있었다. 건물 밖에서도 기둥 사이로 동상이 보였지만 안으로 들어서니, 링컨이 묵직한 존재감을 나타내며 늠름하게 의자에 앉아 있었다. 동상은 상당히 세세하게 조각되어 있었고 링컨을 비추는 조명은 온화한 분위기를 연출하여 링컨을 더욱 돋보이게 했다. 정면으로 바라보나 측면에서 바라보나 살아 있는 사람이 앉아 있는 것 같았다. 오래전의 위인이고 동상일 뿐

▌ 에이브러햄 링컨 동상   ▌ 링컨 기념관 앞에서. 워싱턴 기념탑이 보인다.

인데, 만약 실제로 링컨 대통령을 내 눈앞에서 마주한다면 어떤 느낌일까 궁금했다.

미국 역사를 좀 더 알고 왔더라면 이곳에서 느끼는 감흥도 달랐을 듯하다. 나는 우리나라의 역사를 알기에도 바빴기에 다른 나라의 역사에는 관심이 없었다. 하지만 미국 여기저기를 돌아다니다 보니, 전부는 아니더라도 흑인 노예 해방과 독립 혁명 정도는 알고 있으면 참 좋을 것 같다는 생각이 들었다. 아는 만큼 눈에 보인다고 하잖아? 여느 미국인과 마찬가지로 나도 링컨 기념관에서 긴 시간을 보낸 후 슬슬 자리를 옮겼다.

어느덧 시간이 많이 늦었다. '이제 돌아가서 자야지.' 하며 링컨 기념관을 나왔다. 호스텔로 돌아오며 오늘 하루를 뒤돌아보았다. 워싱턴 D.C.라는 도시, 거리도 깔끔하고, 치안도 좋은 것 같고, 미국에서 이렇게 밤늦게 걱정 없이 돌아다니는 건 처음이 아닌가 싶었다.

낯선 곳이 나를 부를 때

:: 미국 국방의 중추신경 '펜타곤' ::

다음 날, 아침 일찍부터 서둘렀다. 점심때 필라델피아로 가는 메가 버스(megabus) 티켓을 끊어 놓았다. 아직도 볼 게 많은데, 다 볼 수 있을지 모르겠다.

호스텔에서 나오는 무료 조식으로 배를 채우고 우버(Uber)를 불렀다. 우버를 내가 직접 신청해 보는 건 처음이라 긴장되었지만 무사히 카드 등록을 마치고 우버 기사를 만났다. IT 관련해서는 워낙 약한 나이기에…. 나는 인터넷 쇼핑으로 물건 하나를 사려고 해도 온종일 시간이 걸리는 사람이다.

첫 시작은 미국 국방의 중추신경인 펜타곤(Pentagon)이었다. 투어가 있을지, 없을지도 모르고, 가서 할 수 있는 것도 많지 않을 것 같았지만 그래도 한번 가 보고 싶었다. 가는 길에 만난 FBI(Federal Bureau of Investigation: 미국 연방 수사국)의 옛 본부. 우버의 운전기사 분이 급하게 옆을 보라고 하시기에 봤더니 현관 입구에 'FBI'라고 적혀 있었다. 지금은 새로운 건물로 이전했지만, 말로만 듣던 FBI를 보니 꽤나 신기했다.

펜타곤은 미국의 주요 기관답게 입구부터 경비가 삼엄했다. 차량은 통제되어 차에서 내려 걸어서 건물까지 갔다. 건물에도 가까이 접근하지는 못했다. 멀찍이 떨어져서 볼 수는 있었지만, 중요한 것은 바라보는 것 말고는 할 수 있는 게 아무것도 없었다는 점이다. 투어가 있긴 했지만 단체 투어로 사전에 미리 신청을 해야 했고, 눈에 보이는 것은 일(一) 자로 된 벽밖에 없었다. 정오각형 건물이라고 들었지

❚ 워싱턴 D.C 시청

만 하늘에서 볼 때 그렇고, 밑에서 보니 건물이 워낙 커서 한 면의 벽
밖에는 볼 수 없었다. 보안을 이유로 사진 촬영도 금지되어 있다. 조
금 떨어져서 몇 장 찍었지만 겁이 나서 이 책에는 못 실겠다. 블로그
에 있으니 궁금한 사람은 블로그에서 확인할 수 있다.

  '그래도 직접 봤으니 이런 실망감이라도 느끼지.' 본 것 자체로 만
족한다. 안 왔으면 섭섭할 뻔했다. '어디로 갈까?' 고민하다 시청으로
향했다. 스미스소니언 자연사 박물관도 가고 싶었지만 시간이 애매할
것 같아 시청으로 방향을 돌렸다.

:: 시청이 각 도시의 주요 관광지인 이유 ::

  우리나라에서는 시청이라고 하면 그저 공공(公共) 관련 업무를 보는

낯선 곳이 나를 부를 때

곳일 뿐이지만 미국에서는 시청이 해당 도시의 관광지인 곳이 많다. 미국은 유럽의 영향을 받아 오래전에 세워진 건물을 현재까지 사용하고 있는 경우도 많기 때문이다. 특별히 중요한 곳은 통제되어 있지만 그 외의 다른 곳은 자유롭게 둘러볼 수 있는 곳도 많다.

시청 건물이 다 비슷하기에 갈지 말지에 대해 항상 고민하지만, 결국은 가게 되는 경우가 많은 것 같다. 워싱턴 D.C.의 시청(City Hall)은 메인(main)으로 보이는 건물이 하나 있었고 그 뒤로는 비슷한 양식의 건물이 두 채 더 있었다. 클래식한 느낌이 좋았다. 우리나라도 공공기관 하나둘쯤은 옛날 관청처럼 건물을 지으면 어떨까 하는 생각도 들었다. 전통을 살린 고유의 건물이라면 인기가 참 많을 것 같은데….

:: 아쉬움을 뒤로하고 필라델피아로 향하는 길 ::

시청을 둘러본 후 자연사 박물관으로 가려 했으나 필라델피아행 버스 시간을 고려해 봤을 때 아무리 계산해도 시간이 맞지 않았다. '괜히 갔다가 이것도 아니고 저것도 아니고 버스만 놓칠라.' 하는 생각에 자연사 박물관을 포기하기로 했다.

바로 호스텔에 들러서 짐을 찾고 필라델피아로 가는 버스를 타러 갔다. 박물관을 별로 좋아하지 않지만 워싱턴 D.C.의 박물관은 재미있어 보이는 곳이 많았다. 어제 들른 미국 역사 박물관은 한국전쟁의 흔적이 있어 가고 싶었고, 자연사 박물관은 말 그대로 자연의 역사를 담고 있는 박물관이라 가고 싶었다. 백악기 시대의 공룡 뼈를 실제 크기와 똑같이 복원한 것도 있고, 희귀한 고래를 복원해 놓은 것도 있다고 했다. 하지만 다음 기회로 미루어야 했다.

크게 볼 것이 없을 것 같았던 워싱턴 D.C.였지만 막상 와 보니 이것저것 볼 게 많은 도시였다. 적어도 2박 3일의 시간이 좋을 것 같다. 아쉬움을 뒤로하고 버스에 올랐다.

:: 미국 독립 혁명의 유서 깊은 도시 '필라델피아' ::

필라델피아(Philadelphia)는 원래 여행 계획에는 없던 도시였다. 동부 여행 일정이 약간 빡빡했던 터라 '유명한 곳만 들러야지.' 했는데, 어차피 가는 길이니 필라델피아에 잠깐 들렀다가 '치즈 스텍'[46]만 먹고 가라는 회사 대표님의 말씀을 듣고 갑작스럽게 일정을 잡게 되었다. 그런데 인터넷에 치즈 스텍 맛집을 검색하다가 알게 된 사실 세 가지.

첫째, 필라델피아는 미국 최초의 수도이다.
둘째, 미국독립선언은 필라델피아에서 이루어졌다.
셋째, '자유의 종(Liberty Bell: 미국의 자유를 상징하는 종)'은 필라델피아에 있다.

---

46 필라델피아 치즈 스테이크(Philadelphia Cheese Steak): 부드러운 바게트와 비슷한 빵 안에, 잘게 구운 소고기와 녹인 치즈가 들어 있는 일종의 샌드위치. 현지인들은 간편하게 '치즈 스텍'이라 부른다. 필라델피아를 방문한 사람이라면 반드시 찾는 메뉴로 근교에 사는 사람들도 '치즈 스텍'을 먹기 위해 이곳에 자주 온다고 한다.

낯선 곳이 나를 부를 때

미국의 역사에 대해 잘 알지 못하는 나도 독립선언서와 자유의 종에 대해서는 들어보았다. 워낙 유명하기에…. 이러한 정보 덕에 필라델피아를 여행할 이유가 충분히 생겼다.

| 필라델피아 지하철

'이놈(?)의 가방이 너무 짐이다. 든 것도 없는데 왜 이리 무거운지 몰라.' 짐 덩어리 두 개를 앞뒤로 둘러메고 지하철을 찾았다. 평범한 티켓 판매기가 있었고 옆에는 작은 동전 모양의 토큰[47] 판매기가 있었다. 토큰 하나로 지하철을 한 번 탈 수 있을 것 같은 '직감 아닌 직감'이 왔다. '아닐 수도 있겠지만…. 어차피 두 번밖에 안 탈 것이기에, 안전하게 티켓으로 뽑았다. 나중에 확실히 알게 되었지만 토큰이 곧 티켓이었다.

호스텔에 짐을 풀고 바로 밖으로 나왔다. 호스텔 바로 앞에는 유서 깊은 교회가 하나 있었다. 이름은 크라이스트 처치(Christ Church). 뭔가 특별한 사연이 있을 것만 같은 교회였다. 아니나 다를까, 미국이 독립되기 전 벤저민 프랭클린을 비롯한 독립투사들이 매주 이 교회에서 미국이 독립될 수 있도록 기도했다고 한다.

---

47 토큰(token): 티켓과 동일하다. 개당 2.5달러인 일반 티켓에 비해 2달러로 구매 가능하다. 환불은 되지 않는다.

:: '치즈 스텍' 먹으러 리딩 터미널 마켓으로! ::

길을 따라 쭉쭉 걸어서 '리딩 터미널 마켓(Reading Terminal Market)'으로 향했다. 필라델피아에서 꽤 유명한 시장이었다. 시장 근처에는 치즈 스텍도 팔았다. 일단 치즈 스텍 하나 먹고 시작해야겠다. '맛있으면 내일 떠나기 전에 또 먹어야지.' 가는 길에 보이는 '자유의 종 박물관(Liberty Bell Museum)'과 '인디펜던스 홀(Independence Hall)'. 그 맞은편에 있는 관광 안내소(Visitor Center)에서는 이곳들에 대한 짤막한 소개와 함께 선착순으로 '인디펜던스 홀' 투어가 이루어졌다. 가격은 무료. 내일 아침 문 열자마자 투어부터 신청해야겠다.

약 20분 정도 더 걸어 시장에 도착했다. 신선한 고기, 해물, 치즈와 같은 식료품도 팔았지만, 그 외에 간식거리도 많이 팔고 있었다. 비주얼(visual)이 아주 훌륭한 빵집에서부터 미국의 전 대통령 오바마가 좋아하는 아이스크림 가게, 카페들도 있었다. 맛있어 보이는 음식들을 그저 바라보는 것만으로도 기분이 좋아졌다.

아직 한창인 저녁 시간이었지만 이미 문을 닫은 가게도 꽤 있었다. '내 사랑' 치즈 스텍 가게는 두 군데 정도 보였다. 그중 한 군데에 사람들이 줄을 길게 서 있었다. '저기다.' 싶어 반가운 마음이 들었다. 치즈와 토핑을 입맛에 맞게 주문할 수 있는 곳이었다. 나는 아메리칸 치즈와 오리지널 맛을 먹어 보고 싶은 마음에 토핑은 따로 하지 않았다. 가격은 9달러.

바로 눈앞에서 요리가 만들어졌다. 넓적한 팬에 채로 다져진 소고기가 순식간에 구워지더니 치즈를 함께 녹인 후 빵에 가득 담아 줬다.

낯선 곳이 나를 부를 때

▌인디펜던스 홀, 리딩 터미널 마켓 내부, Spatano's Cheese Steak

포일(foil)에 싸서 줬는데 앞에 있는 테이블 아무 데서나 먹을 수 있었다. 얼른 자리를 잡고 포장을 풀었다. 그런데 비주얼은 그동안 내가 봐 왔던 치즈 스텍이 아니었다. 치즈는 온데간데없이 사라졌고 일단 너무 허접해 보였다. 맛은 그냥 부드러운 빵과 소고기를 함께 먹는 느낌 정도. 나쁘진 않았으나 환장할(?) 정도로 맛있다거나 또 먹고 싶어지는 그 정도의 맛은 아니었다. '내가 맛없는 곳을 찾아왔나?' 하면서 약간 실망했다. 내일은 제대로 만드는 곳을 찾아가 봐야겠다.

:: 도심 속 작은 쉼터, 필라델피아 시청 ::

리딩 터미널 마켓 바로 옆에는 시청이 있었다. 필라델피아 시청도 주요 관광지 중 하나였다. 동서남북으로 문이 나 있었고 가운데에는 쉼터처럼 꾸며져 있었다. 지금은 사용하지 않는 듯했지만 지하철 입구도 하나 있었다. 벤치에서 사람들이 쉬고 있었고 길거리 음악가들이 저마다의 연주를 하고 있었다. 이 모든 것들이 시청 건물 한가운데

▌ 필라델피아 시청

▌ 필라델피아 시청 안으로

낯선 곳이 나를 부를 때

에서 이루어지고 있었다. 그래도 시청인데, 사람들이 자유롭게 드나들며 하고 싶은 것을 다 할 수 있다는 게 신기했다.

워싱턴 D.C.의 시청과는 약간 느낌이 달랐다. 워싱턴

▌펜스 랜딩

D.C.는 밝고 둥글둥글한 느낌과 함께 그래도 함부로 들어가선 안 될 것 같은 느낌이 든 반면에, 필라델피아 시청은 고딕 양식의 건물처럼 약간 뾰족뾰족하고 색상도 어두운 느낌이었지만 개방적인 분위기였다. 필라델피아 시청 건물은 동서남북 각각에서 바라보는 느낌이 다르다고들 하는데, 나는 잘 모르겠다.

다운타운 쪽으로 해서 호스텔 방향으로 다시 돌아가면서 인디펜던스 홀 뒤쪽으로 지나갔다. 투어가 진행되고 있지 않음에도 불구하고 경비가 있었다.

계속 걸어 펜스 랜딩(Penn's Landing)이라는 곳에 갔다. 초기 미국 정착자들이 필라델피아에 처음 발을 디딜 때, 이곳으로 들어왔다고 한다. 미국 개발의 시작점이 된 곳이었는데, 지금은 유원지처럼 되어 있었다.

큰 음악 소리가 들렸고, 스케이트장이 있었으며, 그 옆으로는 레스토랑과 술집이 있었다. 사람들이 '지금 이 순간'을 즐기고 있었다. 그 광경을 잠시 바라보다 숙소로 돌아왔다.

:: '인디펜던스 홀'과 '자유의 종' 그리고 '카펜터스 홀' ::

조금 더 누워 있고 싶었지만 이 동네 역시 시간이 그리 많지 않았다. 씻고 중요한 물건만 챙긴 후 밖으로 나왔다. 크라이스트 처치를 지나 인디펜던스 홀 방문자 센터에 투어 예약을 하러 갔다. 8시에 문을 열기에 그 시간을 맞춰 가면 바로 투어를 신청할 수 있을 줄 알았다. 하지만 이미 아주 많은 사람들이 줄을 서고 있었다.

무턱대고 줄을 서던 중 혹시나 싶어 줄 제일 앞 창구 근처에서 얼쩡거렸는데 얼핏 들리는 말이, 오전 10시에 지정된 장소로 가라는 말이었다. 너무 오래 걸렸다. 투어 내용을 알아보니 인디펜던스 홀[48]에 입장한 후, 그곳에서 어떤 일이 벌어졌는가 하는 역사에 대한 설명을 듣는 투어였다. 물론 설명을 들으면 좋겠지만 나는 멀리서 보는 것만으로도 충분할 듯하여 그 자리를 빠져나왔다.

깔끔하게 투어를 포기하고 맞은편의 '자유의 종'으로 갔다. 자유의 종 역시 이른 시간이었지만 출입구에 기다란 줄이 형성되어 있었다. 사람들이 참 부지런한 것 같다. '여기는 꼭 봐야 한다.' 싶어 끝에 가서 줄을 섰다. 안으로 들어갔더니 왼편으로 칸칸이 미국 독립에 관한 이야기가 짤막하게 적혀 있었고 간디와 넬슨 만델라가 방문한 사진도 걸려 있었다. 익숙한 얼굴이 나오니 반가웠다. 곧 자유의 종이 나왔다. 아주 클 줄 알았는데 작았다. 짧은 어구가 쓰여 있는 종의 정면에는 금이 가 있었고 뒤편은 밋밋했다.

---

48 투어를 통하지 않으면, 인디펜던스 홀 내부에 입장할 수 없다.

낯선 곳이 나를 부를 때

┃ 자유의 종 전시관   ┃ 자유의 종

일정 시간마다 직원 한 명이 자유의 종에 대한 이야기를 해 주었다. 1700년 중반에 제작된 이 종은 중요한 사건이 있을 때마다 종을 쳤으며 미국이 영국으로부터 독립을 선언하였을 때 역시 이 종을 쳤다고 했다. 하지만 약 100년 후, 조지 워싱턴의 생일을 기념하며 종을 칠 때, 크게 깨지는 바람에 의회 의사당 꼭대기에서 내려오게 되었다 한다.

나는 영화 「내셔널 트레져」에서 자유의 종을 처음 접하였었다. 자유의 종과 독립선언서에 대한 비밀을 풀어 숨겨진 보물을 찾는 내용이었는데 아주 재미있게 봤었다. 오기 전에 한 번 더 봤다면 필라델피아 여행이 더욱 즐거웠을 것 같다.

잠시 후 1~2블록 옆의 카펜터스 홀(Carpenter's Historic Hall)[49]에 갔다. 자유의 종이나 인디펜던스 홀에 비해서는 인지도가 떨어지지만,

---

49 카펜터스 홀(Carpenter's Historic Hall): 미국의 첫 대륙회의 개최지이자 '노예제도를 폐지하자'는 내용이 오간 곳으로 미국 역사상 큰 의미를 지니는 곳이다.

▌ 카펜터스 홀

이 둘과 마찬가지로 독립 혁명 시절 아주 중요한 곳 중 하나였다. 치즈 스텍 맛집을 조사하다 새롭게 알게 된 곳이었는데, 사람들이 거의 없었다. 여유롭게 건물과 실내를 둘러봤다. 흰색 계열의 벽과 벽난로가 있었고 카펜터스 홀에 대한 이야기가 벽을 따라서 설명되어 있었다. 2층이 막혀있어 구경하지 못해 아쉬웠지만 별다른 입장료도 없으니 지나가는 길에 들르면 좋을 듯 하다.

:: 맛있는 치즈 스텍, 꼭 먹고 만다! ::

큰길로 나와 어제 갔던 리딩 터미널 마켓 쪽으로 갔다. 구글과 옐프(Yelp)를 뒤져 치즈 스텍 3대 맛집[50]을 찾았다. 하지만 고민 끝에 3대 맛집이 아닌, 친구가 소개해 준 '몰리 말로이스(Molly Malloy's)'라는 곳

낯선 곳이 나를 부를 때

| 어제 먹은 치즈 스텍(좌)과 오늘 먹은 치즈 스텍(우)

으로 갔다. 리딩 터미널 마켓 안에 있었는데 메뉴는 어제 갔던 곳과 비슷했다. 오늘은 버섯만 하나 추가했다.

어제와는 달리 비주얼이 매우 훌륭했다. 가격이 약간 더 비싸긴 했지만 튀긴 감자 칩이 곁들여져 나왔고 치즈가 고기 위에 먹음직스럽게 녹아 있었다. 어제보다 훨씬 맛있었다. 치즈 맛이 좀 더 진하게 느껴졌고 빵과 고기는 더 부드러웠다. 반면에 곁들어져 나온 감자 칩은 너무 짰다. 아까운 마음에 다 먹으려 했지만 너무 짜서 머리가 아플 지경이었다. 그래도 이번 치즈 스텍은 대성공!

짧은 일정이었지만 눈과 입이 즐거운 필라델피아 여행이었다. 안 왔으면 두고두고 아쉬울 뻔했다. 미국 동부 여행을 계획하고 있다면 꼭 필라델피아에 가 볼 것을 추천한다.

---

50 치즈 스텍 3대 맛집: Jim's Steak, Geno's Steak, PAT's Steak

뉴욕 맨해튼

세계 금융을 움직인다.
세계 패션을 움직인다.
세계 뮤지컬을 움직인다.
당신의 발을 움직인다.

:: 맨해튼에 갔다면 '쉑쉑버거'를 먹어 보자 ::

세계 금융을 움직이는 명실상부한 미국 제1의 도시 '뉴욕(New York)'. 세계에서 가장 화려한 거리라고 해도 과하지 않을 '타임스퀘어', 뮤지컬의 본고장 '브로드웨이', 도심 속의 숲 '센트럴 파크' 등 누구나 한 번쯤 꼭 가 보고 싶어하는 그곳. 지금 가는 중이다.

버스를 타고 수많은 건물을 지나면서 거리를 바라봤는데, 뉴욕의 거리 곳곳은 '공사 중'이었고 쓰레기가 여기저기 굴러다니고 있었다. 건물들은 하나같이 고층이었고 사람과 차량이 아주 많았다. 뉴욕은 더럽고 냄새나고 아주 복잡하다고 들었는데 직접 내 발로 밟은 후에야 그러한 뉴욕이 비로소 실감 나기 시작했다.

낯선 곳이 나를 부를 때

▌ 맨해튼 쉑쉑버거 1호점　　　　　　▌ 쉑쉑버거와 프렌치프라이

　맨해튼 옆 뉴저지에 살고 있는 친척 누나를 만났다. 복잡한 맨해튼
에, 나 온다고 매형과 함께 한걸음에 달려와 주었다. 간단히 끼니를
때울 겸 '쉑쉑버거'부터 먹으러 갔다. 본고장답게 수시로 쉑쉑버거 가
게가 자주 눈에 보였다. 흔히 보이는 체인점이 아닌 쉑쉑버거 1호점
으로 갔다. 미국에서 손꼽히는 햄버거 브랜드인데 처음 시작한 곳에
서 한번 맛보고 싶었다.

　1호점은 매디슨 스퀘어 파크(Madison Square Park)라는 조그마한 공
원 안에 구멍가게처럼 있었다. 깔끔한 인테리어 대신 야외에 테이블
이 아주 많이 세팅되어 있었다. 테이블이 굉장히 많았지만 사람은 더
많았기에, 사람들은 빈 테이블을 찾아 분주히 시선을 움직이고 있었
다. 본점에 왔으니 메뉴도 오리지널인 쉑쉑버거와 밀크셰이크, 치즈
가 얹어진 감자튀김을 주문했다. 한국에서는 의외의 조합으로 생각할
수도 있으나 여기에선 아주 익숙한 조합이다.

　1호점의 오리지널 쉑쉑버거는 조금 실망스러웠다. 두께가 맥도날드
치즈버거처럼 얇았고 감자 위의 치즈도 확연히 적었다. 맛은 다른 곳

▌ 플랫아이언 빌딩

Magnolia Bakery's
Famous
Banana Pudding

▌ 바나나 푸딩과 가격표

에서 두어 번 먹어 본 것과 비슷했지만 그래도 기대 이하였다. 1호점에서 먹었다는 상징적인 의미로 만족해야 했다.

:: 유명 디저트 가게 '매그놀리아 베이커리' ::

친척 누나는 이후 근처의 유명 디저트 가게로 나를 데려갔다. 26년 짧은 인생 동안 디저트를 일부러 찾은 적은 없었지만 유명 맛집이라면 가 보는 것이 여행자의 예의 아니겠는가. 이름은 매그놀리아 베이커리(Magnolia Bakery). 왠지 모르게 익숙한 이름이다 했더니 한국에도 몇몇 가게가 입점해 있었다. 가게에서 보이는 빵 하나하나가 먹음직스러웠다. 하지만 사람들이 사는 것은 하나로 거의 통일되어 있었다. 빵을 사지 않는 사람들은 있었지만 '바나나 푸딩'을 사지 않는 사람들은 없었다.

거의 모든 사람들이 크든 작든 바나나 푸딩 하나쯤은 손에 들고 나왔다. 친척 누나 역시 바나나 푸딩을 하나 사서 내 손에 쥐여 주었다. 시원할 때 먹어야 제맛이라 하기에 그 자리에서 바로 까서 한입 먹었다. '오! 맛있다.' 버터 같은 부드러운 식감에 중간중간 빵과 바나나가 씹혔다.

낯선 곳이 나를 부를 때

:: 대충 찍어도 작품이 되는 '덤보' ::

살면서 한 번쯤은 책이나 영화에서 보았을 명소, 덤보(Down Under the Manhattan Bridge Overpass: DUMBO)로 향했다. 브루클린에 위치해 있지만 끝자락에 있기에 브루클린 다리를 지나자마자 덤보를 만날 수 있었다. 약간 올드(old)하면서도 고풍스러운 분위기를 풍기는 건물 사이로 푸른색의 맨해튼 다리가 보였고, 많은 사람들이 예쁘다고 하긴 했지만 내가 봐도 무척 예뻤다.

덤보는 맨해튼 중심에서 지하철을 이용하여 쉽게 올 수 있다. 잘생겼든 못생겼든, 비가 오든 눈이 오든, 어떻게 찍어도 작품이 되는 덤보, 꼭 가야 한다.

브루클린 다리로 조금 걸어 보기로 했다. 차도와 인도가 구분되어 있었고 인도 옆에는 자전거 도로가 따로 있었다. 현지인과 관광객이 섞여 운동하는 사람, 사진 찍는 사람들이 다리 위를 통행하고 있었

| 덤보(DUMBO)

| 햇살 좋은 날, 브루클린 다리 위

다. 짙은 갈색을 띠는 브루클린 다리는 클래식(classic)하면서도 도시적인 느낌이었는데, 약간 복잡한 느낌도 들었다.

:: 안타까움과 놀라움이 공존하는 '원 월드 트레이드 센터' ::

다시 맨해튼으로 가서 이번에는 세계무역센터로 향했다. 9·11 테러[51] 후 옆자리에 '원 월드 트레이드 센터(One World Trade Center: 1WTC)'라는 이름으로 새로 건물을 지었다. 어릴 때 테러 뉴스를 접하며 쌍둥이 빌딩을 보곤 했는데 새로운 건물이 높게 자리하고 있었다. 세계무역센터 최상층에는 맨해튼의 시내를 한눈에 볼 수 있는 전망대가 있었다. 다른 대도시에서 전망을 많이 본 터라 '다 똑같겠지?' 하는 마음에 한참 고민했으나 언제나 그렇듯 '그래도 뉴욕인데….' 하며 안으로 들어갔다.

1층에서 티켓을 구입한 후, 지하에서 엘리베이터를 탈 수 있었다. 지하로 한 층 내려가니 흰색의 지하상가가 형성되어 있었다. 강남의 지하상가 같은 느낌이 아닌 아주 깔끔하고 정갈하였다. 복도 한쪽에는 아주 크게 '갤럭시 S8'을 광고하고 있었다. 여기뿐만이 아니라 이름만 대면 알 수 있는 유럽의 유명 도시, 미국 대도시 등 어디를 가도 한국 전자제품을 홍보하는 모습을 볼 수 있다. 한국 사람들이 만든 제품이 세계 곳곳에 자리 잡은 것을 보면 한국인인 것이 새삼 더욱 자랑

---

51 9·11 테러: 2001년 9월 11일 미국 뉴욕의 세계무역센터(쌍둥이 빌딩)와 펜타곤에 4대의 여객기가 동시다발적으로 충돌 및 추락한 자살 테러 사건. FBI의 수사 결과, 알 카에다의 소행으로 밝혀졌으며 여객기 탑승객을 포함, 약 3,500명의 사망자가 발생했다.

낯선 곳이 나를 부를 때

▎ 1WTC 엘리베이터 타러 가는 길　　▎ 새로운 무역센터를 짓는 기술자의 인터뷰 모습

스러워진다.

　다른 전망대와는 색다르게 이곳은 전망대까지 올라가는 과정이 좋았다. 평범한 복도일 수도 있는 공간이었지만 9·11 테러에 관한 내용, 새로 빌딩을 지으면서 일한 인부들과의 인터뷰, 빌딩이 지어진 과정을 하나의 책처럼 연출하고 있었다. 엘리베이터의 내부도 신선했다. 닫힌 공간이었지만 엘리베이터가 통째로 디스플레이화되어 있어 마치 밖을 보고 있는 듯한 느낌이 들었다. 엘리베이터에 내려서는 반전이 있었다. 자유롭게 이동하지 못하게 하고 사람들을 모은 후 빌딩에 대한 설명을 해 주었는데, 그 내용은 언젠가 이곳에 갈 수도 있는 사람들을 위해 비밀로 하겠다.

　본격적으로 전망대에 들어섰고 맨해튼 시내가 보였다. 반대쪽으로는 '자유의 여신상'이 조그맣게 보였고 조금 전에 갔다 온 맨해튼 다리, 브루클린 다리도 눈에 들어왔다. 건물 바로 밑에는 정사각형의 커다란 구멍 두 개가 있었다. 테러가 발생한 쌍둥이 빌딩의 부지였는데, 빌딩 바로 밑이라 잘 보이지 않았다. 위에서 내려다보는 자유의

여신상이 신기했다. 내일 자유의 여신상이 있는 섬까지 들어갈 것이
긴 하지만 이때가 처음 본 것이기에 한동안 바라보다 내려왔다.

세계무역센터 빌딩 옆의 테러가 난 자리에는 건물 크기만큼의 부지
를 그대로 보존해서 지하로 흘러들어 가는 분수를 만들어 놓았다. 너
무 커서 밑이 보이지도 않는 커다란 검은색 구멍으로 물이 흘러들어 가

낯선 곳이 나를 부를 때

▌ 뉴욕 맨해튼 전경

는 것을 보니, 테러의 희생자들에 대해 안타까운 마음이 다시 들었다.

분수 외곽에는 당시 사망자의 이름을 하나하나 새겨 놓았다. 다시 생각해도 소름이 끼쳤다. 맨해튼 한복판에 비행기가 떨어질 거라고 누가 상상이나 했겠는가.

맨해튼에는 유난히 할랄 푸드(halal food)가 많이 보였다. 대부분 푸드

트럭(food truck)에서 장사를 했는데 주위의 한국인들은 할랄푸드에 대
해 대체로 평이 좋았다. 치킨이나 소고기 등 토핑을 고르면, 그릇에 선
택한 토핑, 밥, 야채를 한번에 담아서 준다.

　밥알은 주황색으로 동남아 쌀처럼 '후' 불면 날리는 쌀이었고, 약간
의 야채와 고기 그리고 나누어 주는 소스와 함께 먹을 수 있었다. 요
구르트 맛이 나는 흰색 소스였는데 나쁘지 않았고, 저렴한 가격 대비
양도 많았다. 요구르트 소스와 함께 핫소스(hot sauce)도 받았는데 핫
소스는 아주 매웠다. 해외에 있는 핫소스는 대체로 한국인이 느끼기
에는 약간 덜 매웠는데 할랄푸드의 핫소스는 예외였다. 아주 조금 찍
어 먹어도 어지러울 정도였다.

　　　　　　　　　　　　　　　　　　　낯선 곳이 나를 부를 때

:: 크루즈를 타고 가서 만나는 '자유의 여신상' ::

해가 중천에 떠서야 밖으로 나왔다. 오늘의 시작은 '자유의 여신상'. 자유의 여신상으로 향하는 크루즈를 타기 위해 맨해튼 최남단에 있는 배터리 파크(Battery Park)로 갔다.

티켓을 사기 위해 줄을 서던 중, 재미있는 광경을 볼 수 있었다. 어떤 아저씨가 온몸에 파란색을 칠하고 자유의 여신상 코스프레를 하고 있었다. 흔히 볼 수 있는 코스프레였지만 공원 경비원(park ranger) 세 명이 와서 그 아저씨에게 무슨 말을 하는 듯했다. 약간 떨어져 있어서 대화를 알아듣지는 못했다. 잠시 후, 경비원이 아저씨에게 손바닥만 한 붉은색 종이를 건네주었다. 누가 봐도 벌금 고지서. 활기차게 코스프레를 하던 '자유의 여신상 아저씨'는 한동안 그 자리에 서서 시무룩하게 벌금 고지서만 바라보고 있었다. 벌금이 엄청 셀 텐데, 며칠간 열심히 모은 팁(tip)이 한순간에 날아가게 생긴 것처럼 보였다. '인생무상이네. 그나저나 왜 벌금을 부과하는 걸까?' 궁금하기도 했다.

크루즈 티켓 값은 성인 기준 19달러였다. 다른 티켓에 비하면 이 정도는 양반인 듯하다. 선착장은 매표소 바로 뒤에 있었다. 크루즈는 정해진 스케줄 없이 상시 운영되기 때문에 곧바로 탈 수 있었다.

안내 방송과 함께 크루즈가 출발했고 자유의 여신상은 점점 더 크게 눈에 들어왔다. 관람객들이 대각선, 정면 등 다양한 각도에서 자유의 여신상을 볼 수 있도록 크루즈가 지나갔다. 자유의 여신상은 프랑스가 미국의 독립 100주년을 기념하여 미국에 선물로 주었다 한다. 프랑스에서 제작한 후 배로 이송되었다고 하는데, 제작과 이송의 어

자유의 여신상

려움과 더불어 현재의 위용 등을 생각해 볼 때 난 그저 신기할 따름이었다.

'자유의 섬'에 내려 여신상 앞으로 갔다. 바로 밑에서 보는 느낌은 조금 전과는 사뭇 달랐으나 배에서 보는 광경이 더 좋았다. 관광객들은 자유의 여신상 바로 정면에 집중적으로 모여 있었다. 특히 아랍인이 많았는데, 다들 줄을 서서 기다리면서 차례로 사진을 찍고 있는데 새치기를 하는 모습은 인상을 찌푸리게 했다. 여기까지 왔으니 독사진을 한 장 찍고 싶긴 했는데 이 많은 인파 속에서 계속 'Excuse me.'를 외치며 괜찮은 사진을 건질 수 있을지 걱정이 되었다. 분명 사진 속에서 내가 잘리거나 여신상이 잘리거나 할 것 같았는데, 운 좋게 센스(sense) 있는 사람을 만나 독사진 한 장을 겨우 건졌다.

낯선 곳이 나를 부를 때

섬을 한 바퀴 돌아 다시 크루즈로 향했다. 뉴저지로 가는 크루즈와 맨해튼으로 가는 크루즈, 두 대가 정박해 있었다. 올 때와 달리 돌아갈 때는 따로 티켓 검사가 없었다. 잘못해서 엉뚱한 도착지로 가지 않게 잘 보고 크루즈를 타야 했다. 내가 탄 맨해튼행 크루즈는 맨해튼으로 바로 가지 않고 '앨리스 섬'이라는 곳에 한 번 더 정박했다. 큰 관심이 없어 나는 그냥 지나쳤다.

:: '브루클린에서 든든한 식사 한 끼' 엘 알마센 ::

점심으로 무엇을 먹을까 고민하다가 고기를 먹기로 결정했다. 브루클린에 남미식 고기를 파는 곳이 있는데 후기가 좋아 매형, 친척 누나와 함께 가기로 했다. 브루클린 시내는 맨해튼보다 여유로웠다. 한국의 가로수길 느낌이 났다. 액세서리와 의류를 파는 아기자기한 가게가 줄지어 있었고 드문드문 있는 벽화와 더불어 빈티지(vintage) 느낌이 나는 붉은 벽돌을 가진 건물들이 도로 옆에 서 있었다. 샛노란 신호등은 포인트! 도로는 좁았지만 차량은 그리 많지 않았다. 브루클린 골목에 있는 한 가게로 들어갔다. 들어가면서 마주친 노부부가 하시는 말씀.

"Super excellent. Enjoy!(아주 훌륭해요. 즐거운 시간 보내세요!)"

기대하며 들어간 이 가게는 분위기가 아주 특별했다. 먼 옛날 유럽의 어느 해안가에 있었을 법한 선술집 같았다. 세월이 꽤 지난 듯한 나무와 벽돌, 타일로 인테리어가 되어 있었고, 벽과 천장에 걸려 있는 의자, 랜턴(lantern), 밧줄 등의 잡동사니들이 가게의 특별한 분위

▌ 브루클린 거리, 레스토랑에 들어서며. 맛집 향기가 난다, 샐러드와 함께 나온 스테이크

기에 또 한몫을 차지하고 있었다. 가게 안쪽에 위치한 뒤뜰에는 울타리, 전깃줄, 나무 한 그루가 있었는데, 매우 보잘것없어 보이는 아이템들이 모여 오히려 아주 편안한 분위기를 연출했다. 이 가게의 이름은 엘 알마센(El Almacén).[52]

메뉴는 스페인어와 영어로 쓰여 있었지만 남미 음식이라 그런지 이해하기 어려웠다. 그래서 남미에서 오랫동안 생활해서 남미 음식에 익숙한 매형이 주문해 주었다. 매형은 구운 스테이크와 돼지고기, 파스타를 시켰다.

오! 별다른 소스 없이 소금과 후추만으로 간을 한 것 같은데 맛이 기가 막혔다. 이런 맛있는 고기는 정말 오래간만이었다. 한 점, 한 점, 고기를 썰어 먹을 때마다 행복함이 몸에 스며들었다. 가격은

---

52 엘 알마센(El Almacén): 남미와 아메리카의 퓨전식 레스토랑. 주소는 557 Driggs Ave, Brooklyn, NY 11211.

낯선 곳이 나를 부를 때

30~50달러로 다른 곳보다 약간 비싼 편이었지만 비싼 만큼 그 값을 했다. 아주 기분 좋게 레스토랑을 나섰다.

:: '말이 공원이지, 이 정도면 숲' 센트럴 파크 ::

레스토랑을 나와 센트럴 파크(Central Park)로 자리를 옮겼다. 근처의 골목을 두세 번 돌다 겨우 주차를 했다. 어제 여기저기 다니면서 느낀 것이지만 맨해튼에서 주차하기는 정말 힘든 것 같다. 매형은 골목을 요리조리 다니면서 틈이 나면 바로 주차를 했지만 현지인이 아니고서는 운전하기도 힘들거니와 까딱하다 주차를 잘못하면 벌금 물기도 십상이고 공간이 너무 협소해 앞뒤로 다른 차를 박기도 쉬울 것 같았다. 매형은 주차를 한 뒤, 항상 앞뒤로 차 사진을 찍었다. 워낙 주차 공간이 좁다 보니 다른 차들이 박고 도망갈 수도 있다고 했다.

센트럴 파크는 그냥 잔디 있고, 산책로 몇 개 있고 그걸로 끝인 줄 알았다. 지나가면서 잠깐 들러 앉았다 가는 그런 평범한 공원인 줄 알았는데 실제 내 눈으로 본 센트럴 파크는 말이 공원이지, 사실은 거의 숲이었다. 직사각형으로 남과 북으로 길게 이어져 있었는데 길이만 해도 4km는 되는 듯했다. 끝에서 끝까지 편도로만 걸어서 1시간 거리다.

센트럴 파크 안에 들어서면 맨해튼의 복잡한 도시는 완전히 가려진다. 평탄한 잔디 외에 크고 작은 언덕과 바위, 나무, 호수가 군데군데 있었다. 사람들은 공원 안에서 자유롭게 행동했다. 가고 싶은 데로 가서 눕고, 앉고, 연애하고, 공연하고, 장사하고, 운동하고, 나 같은

▌센트럴 파크　　　　　　　　▌센트럴 파크 속 호수

여행객들은 구경하고…. '사람들의 사랑을 많이 받는 공원이구나.' 하는 것을 한눈에 느낄 수 있었다.

북쪽으로 올라갔다. 공원 안에는 커다란 호수가 있었다. 호수 위로 사람들이 카약(kayak)과 곤돌라(gondola)를 타고 유유자적 시간을 보내고 있었다.

유난히 많은 사람들이 모여 있는 곳이 있었다. 뭔가 싶어 가 보니 흑인 네 명이 함께 공연을 하고 있었다. 중간중간 환호성도 나오고 워낙 사람이 많아 '무슨 일인가?' 싶어 잠깐 살펴보았다. 무작위로 관람객들을 뽑아서 중간에 한 줄로 세워 두고 팁을 내는 사람만 다시 원래의 위치로 돌아갈 수 있게 했다. 나머지 관람객들에게도 팁을 유도했다. 사람들은 궁금해서라도 팁을 내곤 했다. 시간이 흘러 한 줄로 선 사람들은 더 이상 줄어들지 않았다. 이제 본격적인 쇼를 시작하겠다고 하더니 공연자 한 명이 한 줄로 선 사람들을 점프해서 뛰고는 공연이 끝났다.

사람들은 순식간에 흩어졌다. '와, 이게 뭐지?' 중간에 온 우리도

낯선 곳이 나를 부를 때

30분은 기다린 것 같은데 너무 황당하게 끝이 났다.

:: 브로드웨이 뮤지컬 캣츠 그리고 타임스퀘어 ::

저녁 시간에 맞추어 뮤지컬을 미리 예약했다. 내 버킷 리스트 중 하나인 '현지에서 세계 4대 뮤지컬 보기'. 3년 전 런던에서 「오페라의 유령」을 보았는데 보는 내내 소름이 끼쳤던 좋은 기억이 있었다. 덕분에 브로드웨이의 뮤지컬에도 많은 기대를 하며 「캣츠(Cats)」를 예매했다.

공연 당일 아침에 극장에 가서 티켓을 사거나, TKTS(뉴욕 타임스퀘어 한가운데에 있는 예매처)에 가서 남는 티켓을 '반값'에 살 수도 있었지만 하필 당시는 미국의 연휴였다. 남는 티켓은 무슨, 공식 홈페이지에서 파는 티켓도 거의 남아 있지 않았다. 남들은 50달러에도 볼 수 있는 뮤지컬을 보기 위해 170달러라는 거금을 쓰긴 했지만, 직접 뉴욕까지 와서 브로드웨이 뮤지컬을 볼 수 있다는 생각을 하니 위안이 되었다.

뮤지컬 「캣츠」[53]의 극장은 타임스퀘어 위쪽 브로드웨이에 있었다. 「캣츠」 말고도 대부분의 뮤지컬 극장이 이 근처에 집중해 있었다. 혹시나 늦을까 봐 일찌감치 극장에 도착했다. 예매할 때 돈을 조금 더 주고 오케스트라석으로 잡았는데, 내 예상보다 무대와 더 가까웠다. 배우들의 표정도 하나하나 다 보일 듯했다.

---

53 캣츠(Cats): 고양이들이 자신들의 지도자를 뽑는 과정을 그린 뮤지컬. 1부는 고양이들의 자기소개, 2부에서는 지도자를 선출하는 과정이 나온다.

무대는 고양이들의 삶의 터전을 반영하듯 세심하게 꾸며져 있었다. 고양이의 시각에 맞추어 헌 신발, 헌 옷, 쓰레기통 등이 커다랗게 무대를 장식하고 있었고 배우들의 분장과 메이크업도 최대한 고양이와 흡사하게 되어 있었다. 배우들의 몸짓 하나하나는 고양이들의 습성을 잘 표현했다.

「캣츠」는 무대 연출이 거의 없는 대신 배우 한 명, 한 명의 춤과 가창력이 무대를 가득 채웠다. 특히 2부에서 주인공격인 고양이가 부르는 노래 '메모리(Memory)'는 가히 압도적이었다. 소름이 끼치는 것은 물론이고 눈물을 흘리는 관객도 있었다. 노래로 사람의 기분을 이렇게 변화시킬 수도 있구나 싶었다. 가능하다면 앙코르로 한 번 더 듣고 싶었다.

브로드웨이에는 앞서 말한 것처럼 아주 많은 뮤지컬이 공연되고 있다. 한 번쯤 들어 본 뮤지컬도 있고 약간은 생소한 뮤지컬도 있을 테지만, 뉴욕에 갔다면 고민하지 말고 뮤지컬 한 편쯤은 꼭 보도록 하자. 관심이 없었던 사람도 보고 나면 평생 잊지 못할 추억을 가지게 될 것이다.

마음속에 '메모리'의 여운을 가진 채 타임스퀘어로 걸어갔다. 아직 조금 더 가야 했지만, 저 앞에서 번쩍번쩍하며 대낮처럼 환한 공간이 보였다. 온 사방에서 각양각색의 빛을 발하는 전광판이 건물을 도배하고 있었다. 그 화려한 빛 때문에 캄캄한 밤하늘은 온데간데없었다. 각 주(州)의 사람들이 연휴를 맞아 여기로 다 모였는지 발 디딜 틈이 없었다. '여기가 타임스퀘어인지, 개미굴인지….'

하지만 고개를 조금만 더 들어 사람들을 시야에서 지우면 보이는 도시의 광경은 가히 아름다웠다. 100% 사람의 손길을 거친 인공적인 모습이지만, 또 영화나 광고에서 많이 접했기에 이미 익숙한 거리이지만, 더욱이 거대한 인파 속에 파묻혀 남들과 다를 바 없이 주위를 둘러

▌타임스퀘어의 낮과 밤

보고 있지만, 맨해튼만의 분위기를 만끽하기에는 부족함이 없었다.

:: 그랜드 센트럴 터미널에서 시작되는 뉴요커들의 아침 ::

맨해튼의 교통은 워낙 혼잡하기에, 바쁜 뉴요커(New Yorker: 뉴욕에 사는 사람)들은 출퇴근할 때 자가용 대신 대중교통을 많이 이용한다. 그중 그랜드 센트럴 터미널(Grand Central Terminal)은 맨해튼에서 가장 많은 사람들이 이용하는 터미널 중 하나이다.

교통의 요지로서 많은 사랑을 받고 있을 뿐만 아니라 아름다운 인테리어로 관광지나 영화 촬영지로도 많은 관심을 받고 있다. 예쁜 건물과 공간이 있으면 어김없이 보이는 웨딩 촬영 모습. 여기에서도 한 쌍의 부부가 터미널 한복판에서 춤을 추며 사진을 찍고 있었다. 실내가 마치 우아한 박물관 같았다. 100년은 족히 된 건물이었지만 실내는 세월의 흔적을 모두 지운 듯 따뜻한 분위기와 온화한 조명이 사람들을 비추고 있었다. 출근하기 싫은 마음으로 집을 나섰다가도 커피 한 잔 들고 이 터미널을 지나고 나면 기분이 좋아질 것만 같았다.

건물 외벽 꼭대기에는 천사처럼 보이는 조각상이 있었고 그 앞으로 그리 높지 않은 고가 도로가 짧게 이어져 있었다. 윌 스미스 주연의 영화 「나는 전설이다」에서 윌 스미스가 덫에 걸려 거꾸로 매달려 있었던 곳, 시간이 지남에 따라 옆의 빌딩에 의해 그림자가 도로 위에 드리우고 좀비 개들이 윌 스미스를 향해 입맛을 다시는 장면이 연출되었던 곳이다.

영화에서는 당시 건물과 도로가 굉장히 으스스하게 느껴졌는데 실

┃ 그랜드 센트럴 터미널

┃ 영화 단골 장소 - 그랜드 센트럴 터미널 외부

제로 보니 괜찮은 것 같다. 어떻게 보면 다른 곳과 별다를 것 없는 평범한 공간임에도 불구하고, 내가 한 번 본 장면을, 그때만의 특별한 기억을 가지고 있는 상태에서 직접 보게 되니 감회가 더욱 새로운 것 같다. 자유의 여신상, 타임스퀘어도 좋았지만 개인적으로는 그랜드 센트럴 터미널의 천사 조각상이 더 기억에 남는다.

매형 차를 얻어 타고 다니며 각각의 포인트마다 '찍어' 다니다 보니 시간이 너무 빨리 지나간 것 같다. 다른 도시처럼 발로 많이 걷지 않아 맨해튼 골목 분위기는 많이 못 느꼈지만, 짧은 시간 동안 여러 명소, 숨은 명소를 다닐 수 있어 아주 좋았다. 점심에는 메가버스를 타고 보스턴으로 이동한다. 서서히 미국 여행의 끝이 보인다.

보스턴

학문과 대학의 도시.
먼 훗날, 크게 이름을 떨칠 위인들이
지금 당신 곁을 지나고 있을지도 모른다.

:: Hi 보스턴! Hi 호스텔! ::

미국에서 메가버스를 처음 이용할 때는 어색하고 불편했지만 몇 번 탔다고, 이제는 아주 편하게 이용 중이다. 자투리 시간을 이용해서 호스텔을 알아봤다. 괜찮은 곳이 몇 군데 있어 고민하다가 하버드 대학과 MIT 대학에 가기 편해 보이는 곳으로 숙소를 잡았다. HI 보스턴 호스텔(HI Boston Hostel)[54]이었는데 평점이 아주 좋을뿐더러 유럽여행에서도 HI 호스텔 체인점의 깔끔하고 저렴한 숙소를 이용했던 좋

---

54 HI 호스텔(HI Hostel): 주요 도시에는 웬만하면 있다. 주방, 바(bar), 휴식 공간이 갖춰져 있으며 침대와 화장실도 깔끔하다. 대부분 조식을 제공한다. 가격은 6인 도미터리 기준 약 25~30달러.

은 기억이 있었다.

｜ 뉴욕 스타일 피자

보스턴의 사우스 스테이션 (South Station)에 도착했다. 비가 부슬부슬 내리고 있었다. 다행히 숙소는 역에서 걸어서 10분 정도밖에 안 걸렸기에 그냥 비를 맞고 갔다. 호스텔은 로비부터 딱 내 마음에 들었다. 크고 작은 소파들이 자유롭게 배치되어 있어 사람들이 마음 편하게 휴식을 취하고 있었고 옆쪽으로는 테이블이 있어 사람들이 책과 노트북을 즐기고 있었다. 체크인을 하고 내 방으로 갔다. 초록색과 흰색의 단색이 조화롭게 배치되어 있었다. 무엇보다 마음에 드는 건 침대 머리맡에 있는 작은 수납공간이었다. 개인 락커가 있었지만 휴대폰이나 랩톱, 지갑 등은 아무래도 몸에서 떨어지면 부담스러웠다. 작은 수납공간에 쏙 들어가기에 잘 때 마음 놓고 잘 수 있었다.

저녁도 먹을 겸 호스텔 주위만 한 바퀴 돌고 와야겠다 싶은 마음에 근처의 차이나타운과 마트에 잠깐 들렀다가 뉴욕 피자[55] 가게로 갔다. 조각조각으로 부담 없이 먹을 수 있었다. 샌디에이고에서부터 자주 먹었던 피자이지만, 피자는 항상 맛있다. 그런데 아까부터 맞은편

---

55 뉴욕 피자: 시카고 피자의 도우(dough)가 비교적 두꺼웠다면 뉴욕 피자는 얇다. 한 조각에 약 3~5달러이며 가볍게 먹기에 좋다.

낯선 곳이 나를 부를 때

에 있는 허름한 차림의 아저씨가 자꾸 날 힐끔힐끔 쳐다본다. '같이 피자 한 조각 먹는 처지이면서 왜 자꾸 쳐다보지? 뼁이라도 뜯으려고 하는 건가?' 피자를 후딱 먹고 다시 호스텔로 왔다. 누워서 혼자만의 시간을 가지며 잠이 들었다.

:: '세계 최고의 대학교' 하버드와 MIT 대학 ::

푸짐한 아침을 먹고 하버드 대학(Harvard University)으로 향했다. 지하철로 환승 없이 한 번에 갈 수 있었다. 지하철 하버드역의 첫 풍경은 작은 마을처럼 보였다. 인도 같은 차도, 어두운 색상의 조금 오래된 듯한 건물들, 작은 가게들과 작은 시계탑, 군데군데 있는 카페와 서점⋯. 하늘의 흐린 날씨는 마을의 분위기를 더 차분하게 만들었다. 사람들과 차량은 많은 편이었지만 혼잡하거나 시끄럽지는 않았다.

거리를 돌아 블록 뒤편으로 가니 일반 가정집 같은 건물들이 줄지어 있었다. 분명 일반 주택처럼 보이는데 입구에 팻말이 하나 보인다. 'Harvard University Labs'. 대학원 실험실 같았는데, 캠퍼스 안이 아닌 거리 한복판에 실험실이 있었다. 회사 대표님이 하버드는 마을 자체가 학교라고 했던 게 생각이 났다.

곧장 울타리가 있는 캠퍼스로 향했다. 정문인지는 모르겠지만 큰 게이트가 있는 입구가 보였고 입구 너머로 붉은 벽돌로 지어진 학교 건물들이 보였다. 나무가 많아 잎사귀에 가려진 건물들도 많았다.

게이트를 넘어서니 문밖과는 다른 세상이었다. 초록색과 붉은색뿐이었는데, 마치 산책로 같았다. 학교 안에 있는 잔디밭이 아닌 잔디

▌ 하버드 역, 하버드 광장, 존 하버드 박사 동상. 신발만 반짝거린다.

밭 위에 건물을 띄엄띄엄 세운 듯했다. 토끼, 다람쥐도 중간중간 보였다. 앞으로 조금 더 걸어가니 발만 금색으로 빛나는 청동색 동상이 있었다. 대학교의 창시자인 하버드 박사의 동상이었다. 동상의 구두를 만지면 하버드에 입학한다는 속설 때문에 양쪽의 구두만 금색으로 변해 있었다. '나도 만져 봐야지. 혹시 대학원을 하버드로 올지도 모르니까….'

바로 옆의 큰 도서관으로 갔다. 예상은 했지만, 외부인은 도서관 실내 출입이 금지되어 있었다. 하버드 도서관에서 책 한번 읽어 보는 것이 내 버킷 리스트였는데….

하버드에는 크고 작은 도서관이 약 90개가 넘게 있다고 했다. 도서관 지도도 따로 마련되어 있었다. '이 중 한군데는 출입 가능한 곳이 있지 않을까?' 싶어 지도를 보며 다른 도서관을 찾아 이동했다. 위쪽으로 캠퍼스가 하나 더 있는 듯했다. 자세히 보니 지금 있는 곳은 기념관, 교회 등이 있는 하버드 야드(Harvard Yard)였다. "어쩐지 너무

낯선 곳이 나를 부를 때

❙ 하버드 야드

❙ 하버드 사이언스 센터 플라자

'초록초록' 하더라."

본격적으로 들어간 캠퍼스에는 다른 대학교에서처럼 현대적 건물들이 따닥따닥 붙어 있었다. 하버드 캠퍼스와 정원 사이에는 광장 비슷한 것이 작게 마련되어 있었다. 사람 무릎까지 오는 말들이 있는 체스판이 있었고 푸드 트럭들도 있었다. 장작에 굽는 피자가 나의 눈길을 확 끌었다. 도우는 쫄깃하고 토핑도 맛있었다. 도우 끝이 살짝 타긴 했지만 10달러에 이 정도면 만족스러웠다. '한두 조각 남겨서 가방에 넣어 다니느니 그냥 다 먹어 버리자!' 싶어, 피자 한 판을 그 자리에서 다 먹어 버렸다. 배를 탕탕 두드리며 캠퍼스 여기저기를 거닐었다.

지도에 나오는 큼지막한 도서관이 특히 눈에 띄었다. 그 이름은 'Law School Library', 법학 전문 도서관으로 긴 직사각형의 건물이었다. 역시나 여기도 학생들만 출입이 가능했다. 실망하고 있는데 실내 입구 뒤로 테이블, 소파와 함께 작은 휴식공간이 보였다. 갈색 책장에 책들이 정리되어 있었고 밝은 회색 카펫과 주황색의 조명으로 실내가 장식되어 있었다. 벽 쪽으로는 개인 독서실 형태의 테이블이 놓여 있는 모습도 보였다.

'책이 있는 공간, 다른 사람들이 함께 공부하는 공간은 아니지만 여기도 도서관이니까!' 내 노트북을 켜고 '보스턴 여행기'를 바로 쓰기 시작했다. 이야! 집중이 너무 잘 된다. 기분 탓인지, 학교 터가 좋은 건지.

내 어릴 적 꿈이 하버드에 입학하는 것이었는데, 더 정확하게는 내

| 하버드 로스쿨 도서관 | 하버드 로스쿨 도서관 1층 |

목표라기보다는 어머니께서 꿈은 높아야 한다며 그렇게 목표를 잡고
나를 공부시키곤 하셨다. 시골에 살았던 나는 매일 아침 일어나서 어
머니와 함께 "나는 하버드에 갈 수 있다!" 이렇게 세 번 외치는 것으
로 하루를 시작했다. 그리고 지금 이렇게 '어떻게 해서든 하버드에 오
긴 왔네.' 하는 마음이 들었다. 그때 만약 "입학할 수 있다!"라고 외
쳤으면 지금쯤 하버드에 다니고 있을지도 ….

　하버드의 정기(精氣)를 받아 집중력을 한껏 쓰고, 밖으로 나섰다.
마음 같아서는 더 있고 싶었지만 MIT도 궁금했기에 아쉬운 마음
을 뒤로하고 곧바로 출발했다. 하버드 스퀘어(Harvard Square)를 지
나 길을 따라 계속 걸었다. 지하철 두 정거장의 거리를 지나면 바로
MIT(Massachusetts Institute of Technology: 매사추세츠 공과 대학)이다.

　MIT도 따로 정문이나 울타리는 보이지 않았다. 그리스 신전 같은
큰 건물이 걸어오던 큰길 옆에 보이기에, '여기인가?' 싶어서 들어갔
더니 긴 복도를 따라 강의실과 연구실이 있었다. 하버드는 하버드 학
생끼리의 소속감이 느껴졌던 반면 MIT는 현실적인 느낌이 들었다.

▌ 하버드 대학교 빈 강의실, 거리의 서점, 카페가 대학교 느낌을 물씬 풍겼다, MIT 건축학과 건물 내부

한국의 여느 공대와 다를 것 없는 분위기였다. 회색의 벽과 낡은 강의실, 꾸밈없는 게시판, 그리고 득실거리는 남학생들. 세계 최고의 공대라 으리으리한 걸 기대했지만 별반 다를 것이 없었다. '공대는 다 똑같구나…. 하지만 학생 한 명 한 명의 역량은 다 다르겠지.'

통유리로 된 연구실이 많이 있었는데, 끝내주게 멋있었다. 커다랗고 복잡한 기계 앞에서 학생들이 번쩍거리며 무엇인가를 하고 있었다. 출입문 옆에는 연구실에 대한 설명이 쓰여 있었다. 사진 촬영은 기술의 유출을 방지하기 위해 엄격히 금지되어 있었다. 복도에는 보안 요원들이 여기저기로 걸어 다니고 있었다.

건물 밖으로 나왔다. 푸른 나무와 딱딱한 건물. 여느 대학교와 다름없는 공대 풍경. 나도 공대를 다니고 있었기에 이 풍경이 정겹기만 했다. 이처럼 흔한 풍경 뒤로 아주 특이한 건물이 하나 있었다. 건물이라기보다는 알록달록한 조형물처럼 보였다. 가까이 가 보니 중간중간 창문이 나 있었고 1층에 입구가 있었다. 어떤 건물인지 궁금하여

낯선 곳이 나를 부를 때

❙ MIT 안에서

❙ 방사능과가 있는 건물. 건물이 아니라 마치 조형물 같다.

찾아보았더니 방사능과가 있는 건물이라 한다. 신기한 눈빛을 보내곤 지하철 역으로 걸어갔다.

:: 보스턴 명물, 퀸시 마켓 ::

뉴욕의 친척 누나에게서 보스턴 맛집을 소개받았다. 이름은 보스턴 차우더(Boston Chowda). 메인 메뉴는 '랍스터 샌드위치'라 했다. 샌프란시스코나 시애틀 등 해안 도시에서는 흔히 볼 수 있는 메뉴이지만 친척 누나가 꼭 한번 가 보라고 했기에 의심하지 않고 목적지로 잡았다. 가게는 퀸시 마켓(Quincy Market)에 있었다. 퀸시 마켓은 세 개의 건물이 있으며 1825년에 만들어졌다. 전통 깊은 시장인 만큼 다양한 먹거리와 잡화가 있었고 길거리 악사들이 흥겹게 공연을 하고 있었다.

현지인들이 많이 오는 듯, 많이 북적거리지는 않았다. 가운데 건물에 있는 보스턴 차우더에 가서 버터 발린 랍스터 샌드위치와 클램 차우더를 시켰다. 랍스터 때문인지 가격이 많이 비쌌다. 빵 사이에 랍

▌ 퀸시 마켓　　　　　▌ 랍스터 샌드위치와 클램 차우더

　　　　　　　　　　　　　　낯선 곳이 나를 부를 때

스터 살만 들어가 있을 뿐인데 28달러나 했다. 클램 차우더와 같이 시키니 30달러가 훌쩍 넘는, 스테이크 하나 가격이었다.

건물 중앙 1층과 2층에, 산 음식을 먹을 수 있는 테이블이 있었다. 근처의 가게에서 음식을 받은 뒤, 여기에서 먹을 수 있었다. 빈자리에 앉아 받은 음식을 펼쳐 놓기 시작했다. 버터 발린 노릇노릇한 두꺼운 식빵에 먹기 좋은 크기로 찢어져 있는 랍스터 살과 따뜻한 클램 차우더. 그저 빨리 먹고 싶은 마음밖에 없었다.

'이 비싼 음식을 인증 사진 없이 먹을 순 없지.' 사진을 대충 찍고 랍스터 샌드위치부터 한입 베어 물었다. 버터로 구운 빵과 도톰한 랍스터가 입안에서 맴돌았다. 아주 맛있었다. 랍스터가 빵 안 가득 들어 있었고 클램 차우더도 쌀쌀한 날씨에 맞게 따뜻하니 참 좋았다. 한입씩 먹을 때마다 랍스터가 줄어드는 게 아쉬웠다. 꼭 추천할 만큼 맛이 있다. 가격이 약간 비싼 게 흠이지만…. 샌프란시스코에서 못 먹은 랍스터 샌드위치를 맛있게 먹은 것으로 만족한다. 하지만 누가 사 주지 않는 이상 내 돈 주고는 다시 먹을 일이 없을 것 같다.

내 큰 위장에 약간 못 미치는 랍스터의 양에 입맛을 쩝쩝 다시며 밖으로 나섰다. 노을이 지고 있었고 조명들이 군데군데 켜지기 시작했다. 가로등과 노점들의 알록달록한 조명들이 내 눈에 들어왔다. 또한 길거리 테이블에서 맥주 한잔 하는 커플들을 보며 부러운 마음이 들었다. 이날이 미국에서의 마지막 밤이었다. 짧은 시간 동안 동부 여행을 알차게 한 것 같다.

보스턴을 떠나 한국으로 바로 오는 대신, 나는 캐나다로 떠났다. 당시 미국 동부에서 한국으로 가는 비행기 값은 편도에 1,100달러가 넘었다. 도저히 그 돈 주고는 한국에 못 올 것 같았다. 반면, 캐나다 토론토에서는 600달러에 비행기 표를 끊을 수 있었다. 이 항공권 가격 차이가 캐나다 동부 여행의 결정적인 계기였다. 퀘벡부터 몬트리올, 오타와, 토론토, 그리고 나이아가라 폭포까지…. 다른 곳은 몰라도 북미에 있는 작은 프랑스인 퀘벡은 꼭 가 보고 싶었던 곳 중의 하나였다. 원래 예정에는 없었지만, 이렇게 또 가고 싶었던 퀘벡을 시작으로 캐나다를 방문하게 되었다.

사람은 말하는 대로, 생각하는 대로 이루어진다. '꿈을 크게 가져라', '목표를 가져라' 하는 말들을 참 많이 들어 보았을 것이다. 이제는 너무 많이 들어서 상투적이고 식상한 말처럼 들리지만, 정말 맞는 말임은 분명하다는 것이 나의 짧은 경험이다.

나 역시 22살 군 복무를 하고 있던 시절, 김수영 작가의 『멈추지마,

다시 꿈부터 써봐」라는 책을 읽고 그때 당장 머릿속에 떠오르는, 하고 싶은 것들을 노트에 술술 써 내려갔었다. 떠오르는 내용이 현실성이 있든 없든 상관없었다. 머릿속에 떠오르는 대로 그냥 다 적었다.

그런데 놀랍게도, 그때 적은 것들은 어느 순간 하나하나 이루어지고 있었다. 유럽 여행부터 각종 자격증, 소소한 개인적 목표까지….

미국 생활이 그때의 목록에는 없었지만, 미국에서 생활하며 새롭게 하고 싶은 것들이 생겼었다. 알래스카 여행, 퀘벡 여행, 책 출판 등등…. 손으로 적은 목표는 아니지만 장난삼아 내뱉던 말들도 빠짐없이 모두 이루어졌다. 상상만 하던 알래스카는 연말에 갔다 왔었고, 여차하면 버리고 간다고 늘 장난삼아 말했던 내 자동차는 미국을 떠나기 전, 사고가 나서 폐차장에 헐값을 받고 처분했다. 정말 말하는 대로 이루어지는 게 신기했다. 그래서 이제는 안 될 것 같아도, 말은 일단 긍정적으로 하고 본다. 이 말이 씨앗이 되어 또 언제 싹 틀지 모르기에….

출국부터 귀국까지, 헤아려 보니 거의 14개월이다. 그 14개월 동안의 기억, 잊지 않게 좀 끄적여 본다.

1. 14개월 동안 영어권에서 생활했지만 내 영어는 아직 멀었다.

2. 영어를 잘하지 못해도 미국에서 살 수 있다.

3. 미국에서는 레스토랑 서빙만 해도 웬만한 한국 기업보다 돈을 많이 번다.

4. 미국, 생각보다 치안이 좋지 않다.

낯선 곳이 나를 부를 때

5. 한국인은 일을 기가 막히게 잘한다.

6. 미국의 식재료는 매우 저렴하다.

7. 목적 없이 여행하지 마라.

8. 미국에서는 공권력이 막강하지만 의외로 상냥한 모습도 볼 수 있다.

9. 대학 등록금이 매우 비싸다.

10. 하지만 잠깐의 투자로 졸업 후, 억대의 연봉을 받는다.

11. 직업에 귀천이 없다.

12. 서민들은 아파도 병원에 쉽게 가지 못한다.

13. 묻지도 않고 따지지도 않고 환불해 준다.

14. 알래스카, 사막 한가운데서도 한국 컵라면을 판다.

하나의 경험은, 하나의 지혜다.